"十二五"职业教育国家规划教材修订版

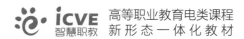

高等职业教育电类课程
新形态一体化教材

电气 CAD

（第4版）

主　编　陈冠玲

副主编　曹　菁　王亚飞

U0307300

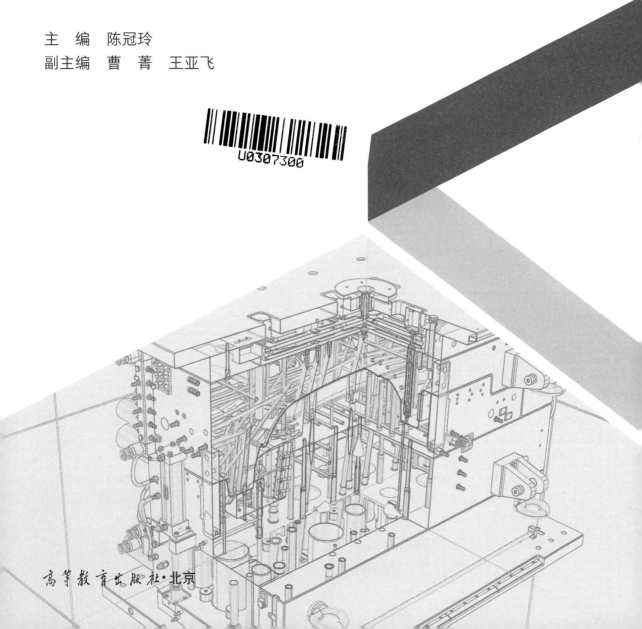

高等教育出版社·北京

内容提要

本书是"十二五"职业教育国家规划教材修订版。

本书依据有关电气文件编制的国家标准，结合 AutoCAD 软件开发技术，系统介绍电气工程制图的标准、规范，以及计算机辅助设计的实现方法。本书采用案例组织相关内容，把实际工程中广泛应用的 AutoCAD 软件应用于电类专业教学，具有很强的针对性，以满足电气行业对人才的需求。本书层次清晰、实例丰富，把电气技术用文件国家标准与实际应用紧密结合，使学生通过本课程的学习能够正确理解和贯彻电气技术用文件国家标准，能够用 AutoCAD 软件进行电气 CAD 设计。

本书可作为高职高专电类专业、电气技术、自动化技术等工科专业的教材，也可作为社会工程技术人员的参考用书。

图书在版编目（CIP）数据

电气 CAD／陈冠玲主编．--4 版．--北京：高等教育出版社，2020.9

ISBN 978-7-04-054401-5

Ⅰ.①电…　Ⅱ.①陈…　Ⅲ.①电气设备-计算机辅助设计-AutoCAD 软件-高等职业教育-教材　Ⅳ.①TM02-39

中国版本图书馆 CIP 数据核字（2020）第 111444 号

策划编辑	孙　薇	责任编辑	孙　薇	封面设计	张　楠	版式设计	王艳红
插图绘制	黄云燕	责任校对	吕红颖	责任印制	耿　轩		

出版发行	高等教育出版社	网　　址	http://www.hep.edu.cn
社　　址	北京市西城区德外大街 4 号		http://www.hep.com.cn
邮政编码	100120	网上订购	http://www.hepmall.com.cn
印　　刷	北京信彩瑞禾印刷厂		http://www.hepmall.com
开　　本	787 mm×1092 mm　1/16		http://www.hepmall.cn
印　　张	11	版　　次	2005 年 1 月第 1 版
字　　数	240 千字		2020 年 9 月第 4 版
购书热线	010-58581118	印　　次	2020 年 9 月第 1 次印刷
咨询电话	400-810-0598	定　　价	32.80 元

出版说明

　　教材是教学过程的重要载体，加强教材建设是深化职业教育教学改革的有效途径，推进人才培养模式改革的重要条件，也是推动中高职协调发展的基础性工程，对促进现代职业教育体系建设，切实提高职业教育人才培养质量具有十分重要的作用。

　　为了认真贯彻《教育部关于"十二五"职业教育教材建设的若干意见》（教职成〔2012〕9号），2012年12月，教育部职业教育与成人教育司启动了"十二五"职业教育国家规划教材（高等职业教育部分）的选题立项工作。作为全国最大的职业教育教材出版基地，我社按照"统筹规划，优化结构，锤炼精品，鼓励创新"的原则，完成了立项选题的论证遴选与申报工作。在教育部职业教育与成人教育司随后组织的选题评审中，由我社申报的1338种选题被确定为"十二五"职业教育国家规划教材立项选题。现在，这批选题相继完成了编写工作，并由全国职业教育教材审定委员会审定通过后，陆续出版。

　　这批规划教材中，部分为修订版，其前身多为普通高等教育"十一五"国家级规划教材（高职高专）或普通高等教育"十五"国家级规划教材（高职高专），在高等职业教育教学改革进程中不断吐故纳新，在长期的教学实践中接受检验并修改完善，是"锤炼精品"的基础与传承创新的硕果；部分为新编教材，反映了近年来高职院校教学内容与课程体系改革的成果，并对接新的职业标准和新的产业需求，反映新知识、新技术、新工艺和新方法，具有鲜明的时代特色和职教特色。无论是修订版，还是新编版，我社都将发挥自身在数字化教学资源建设方面的优势，为规划教材开发配备数字化教学资源，实现教材的一体化服务。

　　这批规划教材立项之时，也是国家职业教育专业教学资源库建设项目及国家精品资源共享课建设项目深入开展之际，而专业、课程、教材之间的紧密联系，无疑为融通教改项目、整合优质资源、打造精品力作奠定了基础。我社作为国家专业教学资源库平台建设和资源运营机构及国家精品开放课程项目组织实施单位，将建设成果以系列教材的形式成功申报立项，并在审定通过后陆续推出。这两个系列的规划教材，具有作者队伍强大、教改基础深厚、示范效应显著、配套资源丰富、纸质教材与在线资源一体化设计的鲜明特点，将是职业教育信息化条件下，扩展教学手段和范围，推动教学方式方法变革的重要媒介与典型代表。

　　教学改革无止境，精品教材永追求。我社将在今后一到两年内，集中优势力量，全力以赴，出版好、推广好这批规划教材，力促优质教材进校园、精品资源进课堂，从而更好地服务于高等职业教育教学改革，更好地服务于现代职教体系建设，更好地服务于青年成才。

高等教育出版社

2014年7月

第 4 版前言

本书把电气制图国家标准与计算机辅助设计（简称 CAD）相结合，自出版以来受到广大师生的欢迎。随着信息技术和计算机软硬件技术的发展，AutoCAD 软件在不断升级。技术发展使电气制图国家标准不断更新，专业领域的划分也越来越不明显，机、电学科越来越密不可分。根据最新国际标准和相应国家标准，本书在第 3 版的基础上进行修订。本次修订主要表现为如下特色。

1. 根据电气制图国家标准的更新，修订和增补相关内容。解读新标准中的相关内容，并以图表的方式将有关电气图形符号、文字符号的核心内容融于一体，可使电气设计人员使用时一目了然。

2. 根据 AutoCAD 软件的升级，更新软件操作的有关内容。按照应用型人才培养的特点，从电气专业 CAD 应用的实际出发，以任务驱动、案例教学为线索组织内容，适应高职学生的认知水平和特点。

3. 结合信息技术的快速发展，坚持以"能力培养为中心，理论知识为支撑"，设计制作了与教材配套的微课视频、教学课件等新形态的教学资源，以丰富教学形式，激发学生的学习兴趣，提高学习效率。

4. 基于项目引导教学法组织内容，克服以往计算机辅助设计与电气专业教学中存在的理论与实际相脱节、应用性不强的问题，提高学生的动手能力、分析能力和创新能力，以满足电气行业对人才的需求。

本书由陈冠玲任主编，并负责组织编写；曹菁、王亚飞任副主编。编写分工为：曹菁编写第 1、3 章有关内容；王亚飞编写第 2 章内容；靳炜编写书中部分练习题；陈冠玲编写其余各章节及完成全书统稿，并负责教材配套多媒体信息资源统筹和设计制作等。靳炜完成本书部分电气 CAD 图形的绘制，陈冠玲、王亚飞、靳炜等完成教材配套资源的建设及校对工作。

由于编者水平和时间有限，书中还有很多不足之处，恳请有关专家、读者批评指正，以便改进。

编者

2020 年 6 月于上海

目录

第 1 章 电气 CAD 基础

编制电气技术用文件过去称为"电气制图",从 20 世纪 90 年代起国际标准将"电气制图"改称为"电气技术用文件的编制"。本章根据最新颁布的有关国家标准为基础,简要介绍"电气技术用文件的编制"中电气工程制图有关规则。若读者想了解详细规则,请查阅有关最新标准文件。

教学课件:
一般规则

1.1 一 般 规 则

电气产品或系统全生命周期从规划、设计、制造、安装、试运行、使用、维护和报废的各个阶段均需要编制电气技术用文件。无论何种文件,文件内信息的表达应明确并实用,同样的信息可在不同文件内以相同类型或不同类型表示,但无论何种类型,此信息在不同位置的表达应协调一致。

多数情况下,文件种类的各种阐述都是从纸质文件的表达方式中得出的。其他的显示方式,如在视频屏幕上或显示器上的表达方式,应与纸质表达方式中的信息一致。

每个文件都应至少有一个标识符用于标识,该标识符在给定范围内应明确。

电气制图是技术制图的一个分支,因此技术制图的基本规定适用于电气制图。

1.1.1 图纸的幅面与分区

1. 图面构成

完整的电气图图面通常由边框线、图框线、标题栏、会签栏组成,其格式如图 1.1 所示。

图中的标题栏是用于确定图样名称、图号、制图者、审核者等信息的栏目,相当于一个设备的铭牌,其一般格式见表 1.1。标题栏一般由更改区、签字区、其他区、名称及代号区组成,也可按实际需要增加和减少。标题栏通常放在右下角位置,也可根据实际需要放在其他位置,但必须在本张图纸上。标题栏的文字方向与看图方向要一致,图样中的尺寸标注、符号及说明均应以标题栏的文字方向为准。会签栏是留给相关的水、暖、建筑、工艺等专业设计人员会审图纸时签名用的。

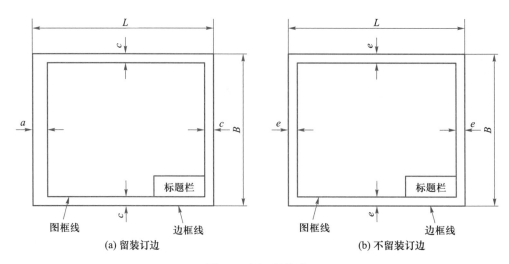

图 1.1　图面的构成

表 1.1　标题栏的一般格式

××设计院				××工程	施 工 图
总工程师		校　核			
主任工程师		设　计			
专业组长		CAD 制图			
项目经理		会　签			
日　　期	年 月 日	比　例		图　号	

2. 幅面尺寸

由边框线所围成的图面称为图纸的幅面。幅面尺寸共分为 A0～A4 5 类，其尺寸见表 1.2。装订成册时，一般 A4 幅面采用竖装，A3 幅面采用横装。

表 1.2　基本幅面尺寸及代号　　　　　　　　　　　（单位：mm）

基本幅面代号	A0	A1	A2	A3	A4
宽×长（$B×L$）	841×1198	594×841	420×594	297×420	210×497
留装订边边宽（c）	10	10	10	5	5
不留装订边边宽（e）	20	20	10	10	10
装订侧边宽（a）	25	25	25	25	25

A0～A2 号图纸一般不得加长，A3、A4 号图纸可根据需要沿短边加长，加长幅面尺寸见表 1.3。

表 1.3 加长幅面尺寸及代号 （单位：mm）

加长幅面代号	A3×3	A3×4	A4×3	A4×4	A4×5
幅面尺寸（$B×L$）	420×891	420×1189	297×630	297×841	297×1051

3. 图幅分区

为了确定图中内容的位置及其他用途，往往需要将一些幅面较大、内容复杂的电气图进行分区，如图 1.2 所示。

图幅分区的方法是：将图纸相互垂直的两边各自加以等分，竖边方向用大写拉丁字母编号，横边方向用阿拉伯数字编号，编号的顺序应从标题栏相对的左上角开始，分区数应为偶数；每一分区的长度一般应不小于 25 mm，不大于 75 mm。对分区中的符号应以粗实线绘出，其线宽不宜小于 0.5 mm。

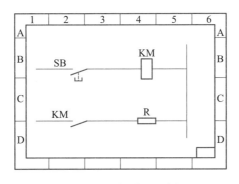

图 1.2 图幅分区示例

图幅分区后，相当于在图样上建立了一个坐标。电气图上的元件和连接线的位置可由此"坐标"而唯一地确定下来。

表示方法如下：

① 用行号（大写拉丁字母）表示；

② 用列号（阿拉伯数字）表示；

③ 用区号表示。区号为字母和数字的组合，先写字母，后写数字。这样，在说明工作元件时，可以很方便地在图中找到所指元件。

在图 1.2 中，将图幅分成 4 行（A~D）、6 列（1~6），图幅内绘制的项目元件 KM、SB、R 的位置被唯一地确定在图上了，其位置表示方法见表 1.4。

表 1.4 元件位置标记示例

序　号	元 件 名 称	元件符号	标记写法		
			行　号	列　号	区　号
1	继电器线圈	KM	B	4	B4
2	继电器触点	KM	C	2	C2

序　号	元 件 名 称	元件符号	标 记 写 法		
			行　号	列　号	区　号
3	开关（按钮）	SB	B	2	B2
4	电阻器	R	C	4	C4

有些情况下，还可注明图号、张次，也可引用项目代号。例如：在图号为 3128 的第 18 张图 A5 区内，标记为"图 3128/18/A5"；在 =S1 系统第 35 张图上的 D3 区内，标记为 "=S1/ 35/D3"。

1.1.2 图线、字体及其他

1. 图线

（1）图线线型

根据电气图的需要，一般只使用表 1.5 所示的 4 种图线：实线、虚线、点画线、双点画线。若在特殊领域使用其他形式图线时，按惯例必须在有关图上用注释加以说明。

表 1.5 电气图用图线线型和应用范围

序号	图线名称	图线线型	代号	图线宽度	应 用 范 围
1	实　线	——————	A	$b = 0.5 \sim 2$	基本线，简图主要内容用线，可见轮廓线，可见导线
2	虚　线	- - - - - -	F	约 $b/3$	辅助线、屏蔽线、机械连接线，不可见轮廓线，不可见导线、计划扩展用线
3	点画线	— · — · — ·	G	约 $b/3$	分界线、结构围框线、功能围框线、分组围框线
4	双点画线	— · · — · ·	K	约 $b/3$	辅助围框线

（2）图线宽度

在图纸或其他相当媒体上的任何正式文件的图线宽度不应小于 0.18 mm，线宽应从下列范围选取：0.18 mm、0.25 mm、0.35 mm、0.5 mm、0.7 mm、1.0 mm、1.4 mm、2.0 mm。图线如果采用两种或两种以上宽度，粗线对细线宽度之比应不小于 2:1，或者说，任何两种宽度的比例至少为 2:1。

（3）图线间距

平行图线的边缘间距应至少为两条图线中较粗一条图线宽的 2 倍。当两条平行图线宽度相等时，其中心间距应至少为每条图线宽度的 3 倍。最小不少于 0.7 mm。

对简图中的平行连接线，其中心间距至少为字体的高度。

2. 字体和字体取向

图中的文字，如汉字、字母和数字，是电气图的重要部分，是读图的重要内容。按

GB/T 14691—1993《技术制图　字体》规定，图中书写的汉字、字母、数字的字体号数分为 20、14、10、7、5、3.5、2.5、1.8 八种；汉字可采用长仿宋体，字母和数字均可写成直体或斜体；字母和数字分 A 型和 B 型。A 型字体的笔画宽度为字高的十四分之一，B 型字体的笔画宽度为字高的十分之一。因汉字笔画较多，所以不宜用 2.5 号字。

3. 箭头和指引线

电气图中有两种形式的箭头：

（1）开口箭头

主要用于电气能量、电气信号的传递方向（能量流、信息流流向），如图 1.3（a）所示。

（2）实心箭头

主要表示力、运动或可变性方向，如图 1.3（b）所示。

图 1.3（c）为箭头应用实例。其中，电流 I 方向用开口箭头，可变电容的可变性限定符号用实心箭头。

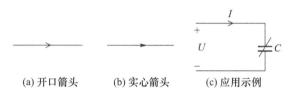

(a) 开口箭头　　　(b) 实心箭头　　　(c) 应用示例

图 1.3　电气图中的箭头

指引线用于指示注释的对象，它应为细实线，并在其末端加如下标记：

若指向轮廓线内，用一黑点表示，如图 1.4（a）所示；

若指在轮廓线上，用一实心箭头表示，如图 1.4（b）所示；

若指在电气连接线上，用一短线表示，如图 1.4（c）所示。

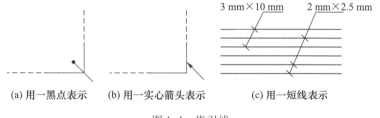

(a) 用一黑点表示　　(b) 用一实心箭头表示　　(c) 用一短线表示

图 1.4　指引线

4. 围框

当需要在图上显示出图的一部分所表示的是功能单元、结构单元、项目组（电器组、继电器装置）时，可以用点画线围框表示。围框应有规则的形状，并且围框线不应与任何元件符号相交，必要时，为了图面清楚，也可以采用不规则的围框形状。

如图 1.5 所示，围框内有两个继电器 KM1、KM2，每个继电器分别有三对触点，且具有互锁和自锁功能，用一个围框表示这两个继电器的作用关系会更加清楚。

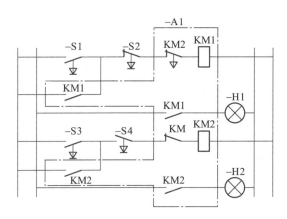

图 1.5   围框示例

如果在表示一个单元的围框内包含不属于此单元的元件符号，则这些符号应表示在第二个套装的围框中，这个围框必须用双点画线绘制，并加代号或注解。

如图 1.6 所示，-A 单元内包含有熔断器 FU、按钮 SB、接触器 KM 和功能单元-B 等，它们在一个框内。而-B 单元在功能上与-A 单元有关，但不装在-A 单元内，所以用双点画线围起来，并且加了注释，表明 B 单元在图（a）中给出详细资料，这里将其内部连接线省略。

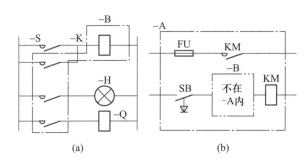

图 1.6   含双点画线围框

如果要表示出该单元不可缺少的端子板的符号，应把符号放在框里边。

连接器符号的位置应表示出一对连接器的哪一部分属于该单元。围框内所示作为一个单元整体部分的连接器或端子板符号可以省略。

5. 比例

图上所画图形符号的大小与物体实际大小的比值，称为比例。大部分的电气线路图都是不按比例绘制的，但位置平面图等一般按比例绘制或部分按比例绘制，这样，在平面图上测出两点间的距离就可按比例值计算出两者间的实际距离（如线长度、设备间距等），对于导线的放线、设备机座、控制设备等安装都有利。

电气图采用的比例一般为：1:10、1:20、1:50、1:100、1:200、1:500。

技术制图中推荐采用的比例规定见表 1.6。

表 1.6　技术制图中推荐采用的比例规定

类　　别	推荐的比例		
放大的比例	50：1	20：1	10：1
	5：1	2：1	10：1
原尺寸	1：1	1：1	1：1
缩小比例	1：2	1：5	1：10
	1：20	1：50	1：100
	1：200	1：500	1：1000
	1：2000	1：5000	1：10000

注：推荐的比例范围可以在两个方向加以扩展，但所需比例应是推荐比例的 10 的整数倍；由于功能原因不能推荐比例的特殊情况下，可选用中间比例。

6. 尺寸标准

电气图上标注的尺寸数据是有关电气工程施工和构件加工的重要依据。

尺寸由尺寸线、尺寸界线、尺寸起止点（实心箭头和 45°斜短画线）、尺寸数字 4 个要素组成。

尺寸标注的基本规则：

① 物件的真实大小应以图样上的尺寸数字为依据，与图形大小及绘图的准确度无关。

② 图样中的尺寸数字，如没有明确说明，一律以 mm 为单位。

③ 图样中所标注的尺寸，为该图样所示机件的最后完工尺寸。

④ 物件的每一处尺寸，一般只标注一次，并应标注在反映该结构最清晰的图形上。

⑤ 一些特定尺寸必须标注符号。例如：直径符号用 φ 表示，半径符号用 R 表示，球符号用 S 表示，球直径符号用 $S\varphi$ 表示，球半径符号用 SR 表示，厚度符号用 δ 表示；参考尺寸用（　）表示；正方形符号用"口"表示；等等。

尺寸线终点和起点标记见表 1.7。

表 1.7　尺寸线终点和起点标记

表 示 方 法	要　　求
用箭头表示终点	用短线在 15°和 90°之间以方便的角度画成的箭头。箭头可以是开口的，也可以是封闭涂黑的。在一张图上只能采用一种形式的箭头。但是，在空间太小或不宜画箭头的地方，可用斜画线或圆点代替
用斜画线表示终点 	用短线倾斜 45°角画的斜画线
用空心圆表示起点	用一个直径为 3 mm 的小空心圆作起点标记

尺寸表示基本规则如下：

大写字母的高度被作为尺寸表示的基础。

字母写法的标准高度 h 的范围如下：1.8 mm、2.5 mm、3.5 mm、5.0 mm、7.0 mm、10.0 mm、14.0 mm、20.0 mm。

h 和 c（h 为大写字母和数字的高度，c 为没有头和尾的小写字体字母的高度）应不小于 2.5 mm。

标注字母可向右倾斜 15°，也可竖直（垂直）。

7. 注释和详图

（1）注释

用图形符号表达不清楚或某些含义不便用图形符号表达时，可在图上加注释。注释可采用两种方式：一种是直接放在所要说明的对象附近；另一种是在所要说明的对象附近加标记，而将注释放在图中其他位置或另一页。当图中出现多个注释时，应把这些注释按编号顺序放在图纸边框附近。如果是多张图纸，一般性注释放在第一张图上，其他注释则应放在与其内容相关的图上，注释方法可采用文字、图形、表格等形式，其目的是把对象表达清楚。

（2）详图

详图实质上是用图形来注释，这相当于机械制图的剖面图，就是把电气装置中某些零部件和连接点等结构、做法及安装工艺要求放大并详细表示出来。详图位置可放在要详细表述对象的图上，也可放在另一张图上，但必须要用一标志将它们联系起来。标注在总图位置上的标志称为详图索引标志，标注在详图位置上的标志称为详图标志。

1.1.3 简图布局方法

简图绘制应布局合理、图面清晰、排列均匀、便于理解。

1. 图线的布局

电气简图的图线一般用于表示导线、信号通路、连接线等，要求用直线，即横平竖直，尽可能减少交叉和弯折，图线的布局方法通常有以下三种：

（1）水平布局

水平布局是将元件和设备按行排列，使其连接线处于水平布置，如图 1.7 所示。水平布局是电气图中图线的主要布局形式。

（2）垂直布局

垂直布局是将元件和设备按列排列，使其连接线成垂直布置，如图 1.8 所示。

（3）交叉布局

有时为了能把相应的元件连接成对称的布局，可采用交叉线的方式布置，如图 1.9 所示。

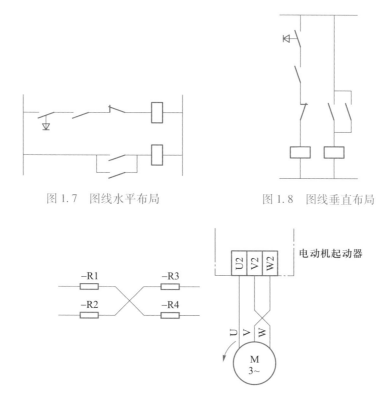

图 1.7 图线水平布局   图 1.8 图线垂直布局

图 1.9 图线交叉布局

2. 元件的布局

元件在电气简图中的布局有功能布局法和位置布局法两种。

（1）功能布局法

功能布局法是指元件或其部分在图上的布置使它们所表示的功能关系易于理解的布局方法。图 1.10 是功能布局法的示例。

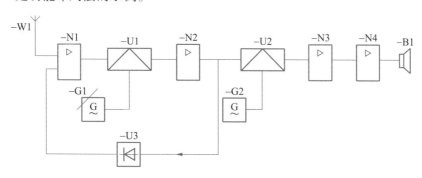

图 1.10 功能布局法示例（无线电接收机的概略图示例）

（2）位置布局法

位置布局法是指元件在图上的位置反映其实际相对位置的布局方法。图 1.11 是位置布局法的示例。

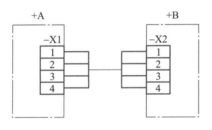

图 1.11　位置布局法示例

教学课件：
电气图形符号

1.2　电气图形符号

图形符号为一般用于图样或其他文件以表示一个设备或概念的图形、标记或字符。图形符号的构型应简洁，以利于识别和复制。要避免使用形状相同的图形符号表示不同的信息。由于符号要素及其组合的数量有限，形状相同的图形符号表达不同含义无法避免时，应为每个含义单独赋予一个符号。图形符号的含义通常可根据所在技术文件的内容进行识别，如果仍不能识别，则应为此类符号提供辅助信息。

电气图形符号一般包括电气简图用图形符号、电气设备用图形符号、标志用图形符号和标注用图形符号等。

1.2.1　电气简图用图形符号

1. 图形符号的构成

电气简图用图形符号通常由一般符号、符号要素、限定符号、框形符号和组合符号等组成。

① 一般符号。它是用以表示一类产品和此类产品特征的一种通常很简单的符号。

② 符号要素。它是一种具有确定意义的简单图形，不能单独使用。符号要素必须同其他图形组合后才能构成一个设备或概念的完整符号。例如，构成电子管的几个符号要素为阳极、灯丝（阴极）、栅极、管壳等。符号要素组合使用时，可以同符号所表示的设备的实际结构不一致。符号要素以不同的形式组合，可构成多种不同形式的图形符号，如图 1.12 所示。

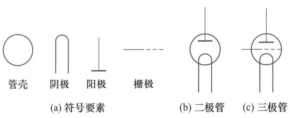

管壳　阴极　阳极　　栅极

(a) 符号要素　　　　　　　(b) 二极管　(c) 三极管

图 1.12　符号要素及组合示例

③ 限定符号。它是用以提供附加信息的一种加在其他符号上的符号，通常不能单独使用。有时一般符号也可用作限定符号。例如，电容器的一般符号加到扬声器符号上即构成电容式扬声器符号。

④ 框形符号。它是用以表示元件、设备等的组合及其功能的一种简单图形符号，既不给出元件、设备的细节，也不考虑所有连接。通常使用在单线表示法中，也可用在示出全部输入和输出接线的图中，如图 1.13 所示。

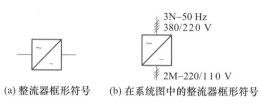

(a) 整流器框形符号　　(b) 在系统图中的整流器框形符号

图 1.13　框形符号及应用示例

⑤ 组合符号。它是指通过以上已规定的符号进行适当组合所派生出来的、表示某些特定装置或概念的符号。图 1.14 为过电压继电器组合符号组成的示例。

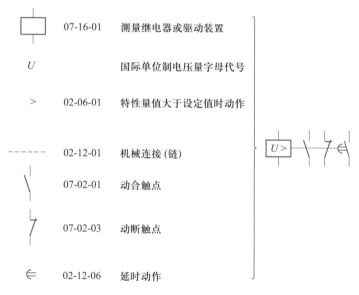

图 1.14　过电压继电器组合符号组成的示例

2. 图形符号的分类

电气简图用图形符号种类很多，按有关国家标准可将其分为以下一些类型：

① 导体和连接件。包括各种导线、接线端子、端子和导线的连接、连接器件、电缆附件等。

② 基本无源元件。包括电阻器、电容器、电感器、铁氧体磁芯、磁存储器矩阵、压电晶体、驻极体、延迟线等。

③ 半导体管和电子管。包括二极管、三极管、晶闸管、电子管、辐射探测器等。

④ 电能的发生和转换。包括绕组、发电机、电动机、变压器、变流器等。

⑤ 开关、控制和保护器件。包括触点（触头）、开关、开关装置、控制装置、电动机起动器、继电器、熔断器、保护间隙、避雷器等。

⑥ 测量仪表、灯和信号器件。包括指示仪表、积算仪表、记录仪表、热电偶、遥测装置、时钟、传感器、灯、喇叭和电铃等。

⑦ 电信：交换和外围设备。包括交换系统、选择器、电话机、电报和数据处理设备、传真机、换能器、记录和播放器等。

⑧ 电信：传输。包括通信电路、天线、无线电台及各种电信传输设备等。

⑨ 二进制逻辑元件。包括组合和时序单元、运算器单元、延时单元、双稳单元、单稳单元、非稳单元、位移寄存器、计数器和存储器等。

⑩ 模拟元件。包括函数器、坐标转换器、电子开关等。

此外，还有一些其他符号，如机械控制、操作件和操作方法、非电量控制、接地、接机壳和等电位、理想电路元件（电流源、电压源、回转器）、电路故障、绝缘击穿等。

3. 图形符号的设计及使用规则

（1）图形符号的选用及组合

进行电气设计时，首先应了解标准，包括国家标准、行业标准，应该选用标准图形符号。表示同一含义，只能先用同一图形符号，如果标准中有所需图形符号（含示例图形符号），应直接选用；如果标准中没有，应根据图形符号功能组图原则，用符号要素、一般符号加限定符号组合。如因图形符号不全或组合的图形符号太大与图纸幅面不协调时，才可根据组图原则考虑用复合组件图形符号或设计新图形符号。

（2）工作状态

如果图形符号中的某个符号要素表示产品中的一个可动部件（例如液压阀的阀元件或开关装置的触点），应按以下要求确定该符号要素在图形符号中的位置。

① 带有自动复位器件（例如弹簧回弹器件）的产品按其自动复位器件处于静止状态的位置设计。

② 不带有自动复位器件（例如关闭的阀门）的产品按其可动部件处于非工作状态时的位置设计。

如果需要表示以上两种情况之外的其他工作状态，宜在相关文件中加以说明。

（3）图形符号的组合

一般要求两个或多个图形符号可组合成一个新的图形符号，新组合成的图形符号含义应与其各组成部分所表示的含义一致。

表示复合组件的图形符号应由表示该组件各组成部分的图形符号组合而成。如果由于复合组件过于复杂，或因缺少表示某组成部分的图形符号而无法采用上述方法时，则应以简单实轮廓线框为基础，在轮廓线框内提供辅助信息。

（4）图形符号的取向

在实际应用中，图形符号可采用不同的取向形式以满足有关流向和阅读方向的不同需求。由于图形符号具有不同的几何外形，因此一个图形符号的取向形式可多达 2 种、4 种或 8 种。符号的不同取向形式仍被认为同一个符号。简单的取向形式可通过旋转或镜像的方式生成。当图形符号包含文字时，则应调整文字的阅读方向和所在的位置。

图形符号均是按无电压、无外力作用的正常状态表示的。图形符号中的文字符号、物理量符号，应被视为图形符号的组成部分。当这些符号不能满足时，可再按有关标准加以充实。电气简图中若未采用规定的图形符号，必须加以说明。

4. 常用图形符号举例

常用电气简图用图形符号见表 1.8。

表 1.8　常用电气简图用图形符号

序　号	图形符号	说　明	备　注
1		交流电（频率或频率范围可标注在符号的右边，系统类型应标注在符号的左边。例如：3/N～400/230 V 50 Hz）	
2		交直流	
3	+	正极性	
4	－	负极性	
5	→	运动、方向或力	
6	 →	能量、信号传输方向	
7		接地符号	
8		接机壳	
9		等电位	
10		故障	
11		导线的连接	

序　号	图形符号	说　　明	备　注
12		导线跨越而不连接	
13		电阻器的一般符号	
14		电容器的一般符号	
15		电感器、线圈、绕组、扼流圈	
16		原电池或蓄电池	
17		动合（常开）触点	
18		动断（常闭）触点	
19		延时闭合的动合（常开）触点	
20		延时断开的动合（常开）触点	带时限的继电器和接触器触点
21		延时闭合的动断（常闭）触点	
22		延时断开的动断（常闭）触点	
23		手动开关的一般符号	开关和转换开关触点
24		按钮开关	

序 号	图形符号	说 明	备 注
25		位置开关，动合触点 限制开关，动合触点	开关和转换开关触点
26		位置开关，动断触点 限制开关，动断触点	
27		多极开关的一般符号，单线表示	
28		多极开关的一般符号，多线表示	
29		接触器动合（常开）触点	接触器、启动器、动力控制器的触点
30		接触器动断（常闭）触点	
31		一般符号	继电器、接触器等的线圈
32		缓吸线圈	带时限的电磁继电器线圈
33		缓放线圈	
34		热继电器的驱动器件	热继电器
35		热继电器的触点	
36		熔断器一般符号	熔断器
37		熔断器式开关	
38		熔断器式隔离开关	

序　号	图形符号	说　　明	备　　注
39	Ⓜ	交流电动机	
40		双绕组变压器，电压互感器	
41		三绕组变压器	
42		电流互感器	
43		电抗器，扼流圈	
44		自耦变压器	
45	Ⓥ	电压表	
46	Ⓐ	电流表	
47	cosφ	功率因数表	
48	Wh	电度表	
49	———	导线、导线组、电线、电缆、电路、传输通路、线路母线一般符号	
50	11 12 13 14 15 16	端子板（示出带线端标记的端子板）	
51		屏、台、箱、柜的一般符号	
52		动力或动力-照明配电箱	
53		单相插座	

续表

序 号	图形符号	说　明	备　注
54		密闭（防水）	
55		防爆	
56		开关的一般符号	
57		阀的一般符号	
58		电磁制动器	
59		按钮的一般符号	
60		传声器一般符号	
61		天线一般符号	
62		放大器的一般符号 中继器的一般符号	三角形指向传输方向
63		分线盒一般符号	
64		室内分线盒	

1.2.2　电气设备用图形符号

1. 电气设备用图形符号的含义及用途

电气设备用图形符号是完全区别于电气简图用图形符号的另一类符号。设备用图形符号主要适用于各种类型的电气设备或电气设备部件，使操作人员了解其用途和操作方法。这些符号也可用于安装或移动电气设备的场合，以指出诸如禁止、警告、规定或限制等应注意的事项。

（1）电气设备用图形符号的一般用途

电气设备用图形符号的主要用途是：识别（如设备或抽象概念）；限定（如变量或附属功能）；说明（如操作或使用方法）；命令（如应做或不应做的事）；警告（如危险警告）；指示（如方向、数量）。

通常，标志在电气设备上的图形符号，应告知设备使用者如下信息：

① 识别电气设备或其组成部分（如控制器或显示器）。

② 指示功能状态（如通、断、告警）。

③ 标志连接（如端子、接头）。

④ 提供包装信息（如内容识别、装卸说明）。

⑤ 提供电气设备操作说明（如警告、使用限制）。

（2）电气设备用图形符号在电气图中的应用

在电气图中，尤其是在某些电气平面图、电气系统说明书用图等图中，也可以适当地使用这些符号，以补充这些图所包含的内容。例如，图 1.15 所示的电路图，为了补充电阻器 R1、R3、R4 的功能，在其符号旁使用了电气设备用图形符号，从而使人们阅读和使用这个图时，可非常明确地知道：R1 是"亮度"调整用电阻器；R3 是"对比度"调整用电阻器；R4 是"色彩饱和度"调整用电阻器。

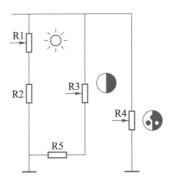

图 1.15   附有电气设备用图形符号的电气图示例

电气设备用图形符号与电气简图用图形符号的形式大部分是不同的。但有一些也是相同的，不过含义大不相同。例如，电气设备用熔断器图形符号虽然与电气简图用图形符号的形式是一样的，但电气简图用熔断器符号表示的是一类熔断器。而电气设备用图形符号，如果标在设备外壳上，则表示熔断器盒及其位置；如果标在某些电气图上，也仅仅表示这是熔断器的安装位置。

2. 常用电气设备用图形符号

电气设备用图形符号分为 6 部分：通用符号，广播、电视及音响设备符号，通信、测量、定位符号，医用设备符号，电话教育设备符号，家用电器及其他符号。常用电气设备用图形符号见表 1.9。

表 1.9   常用电气设备用图形符号

序　号	名　　称	符　　号	应 用 范 围
1	直流电	⹀	适用于直流电设备的铭牌，以及用来表示直流电的端子

序　号	名　　称	符　号	应　用　范　围
2	交流电		适用于交流电设备的铭牌，以及用来表示交流电的端子
3	正极	+	表示使用或产生直流电设备的正端
4	负极	−	表示使用或产生直流电设备的负端
5	电池检测		表示电池测试按钮和表明电池情况的灯或仪表
6	电池定位		表示电池盒本身和电池的极性和位置
7	整流器		表示整流设备及其有关接线端和控制装置
8	变压器		表示电气设备可通过变压器与电力线连接的开关、控制器、连接器或端子，也可用于变压器包封或外壳上
9	熔断器		表示熔断器盒及其位置
10	测试电压		表示该设备能承受 500 V 的测试电压
11	危险电压		表示危险电压引起的危险
12	接地		表示接地端子
13	保护接地		表示在发生故障时防止电击而与外保护导体相连接的端子，或与保护接地相连接的端子
14	接机壳、接机架		表示连接机壳、机架的端子
15	输入		表示输入端
16	输出		表示输出端
17	过载保护装置		表示一个设备装有过载保护装置
18	通		表示已接通电源，必须标在开关的位置
19	断		表示已断开电源，必须标在开关的位置

续表

序　号	名　　称	符　号	应 用 范 围
20	可变性（可调性）		表示量的被控方式，被控量随图形的宽度而增加
21	调到最小		表示量值调到最小值的控制
22	调到最大		表示量值调到最大值的控制
23	灯、照明设备		表示控制照明光源的开关
24	亮度、辉度		表示亮度调节器、电视接收机等设备的亮度、辉度控制
25	对比度		表示电视接受机等的对比度控制
26	色饱和度		表示彩色电视机等设备上的色彩饱和度控制

1.2.3　标志用图形符号和标注用图形符号

在某些电气图上，标志用图形符号和标注用图形符号也是构成电气图的重要组成部分。

1. 标志用图形符号

标志用图形符号的种类及用途如下：

① 公共信息用标志符号。向公众提供不需专业或职业训练就可理解的信息。

② 公共标志用符号。传递特定的安全信息。

③ 交通标志用符号。传递特定交通管理信息。

④ 包装储运标志用符号。用于货物外包装，以提示与运输有关的信息。

与某些电气图关系较密切的公共信息标志用图形符号见图 1.16。

2. 标注用图形符号

标注用图形符号表示产品的设计、制造、测量和质量保证整个过程中所设计的几何特性（如尺寸、距离、角度、形状、位置、定向、微观表面）和制造工艺等。

电气图上常用的标注用图形符号主要有以下几种：

（1）安装标高和等高线符号

标高有绝对标高和相对标高两种表示方法。绝对标高又称为海拔高度，是以青岛市外黄海平面作为零点而确定的高度尺寸；相对标高是选定某一参考面或参考点为零点而确定的高度尺寸。

电气位置图均采用相对标高。它一般采用室外某一平面、某层楼平面作为零点而计算高度。这一标高称为安装标高或敷设标高。安装标高的符号及标高尺寸标注示例如图 1.17 所示。图 1.17（a）用于室内平面、剖面图，表示高出某一基准面 3.00 m；图 1.17（b）用于总平面图上的室外地面，表示高出室外某一基准面 5.00 m。

图 1.16　公共信息标志用图形符号

等高线是在平面图上显示地貌特征的专用图线。由于相邻两线之间的距离是相等的，例如为 10 m，则图 1.17（c）表示的 A、B 两点的高度差为 2×10 m＝20 m。

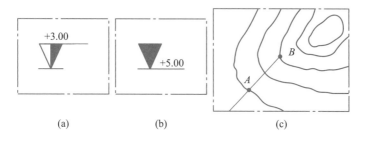

图 1.17　安装标高和等高线图形符号示例

（2）方位和风向频率标记符号

电力、照明和电信布置图等类图样一般按上北下南、左西右东表示电气设备或构筑物的位置和朝向，但在许多情况下需用方位标记表示其朝向。方位标记如图 1.18（a）所示，其箭头方向表示正北（N）方向。

为了表示设备安装地区一年四季的风向情况，在电气布置图上往往还标有风向频率标记。它是根据某一地区多年平均统计的各个方向吹风次数的百分数,按一定比例绘制而成的。风向频率标记形似一朵玫瑰花,故又称为风玫瑰图。图 1.18(b)是某地区的风向频率标记,其箭头表示正北方向,实线表示全年的风向频率,虚线表示夏季(6—8 月)的风向频率。由此可知,该地区常年以西北风为主,而夏季以东南风为主。

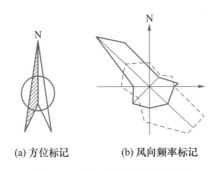

(a) 方位标记   (b) 风向频率标记

图 1.18   方位和风向频率标记

(3)建筑物定位轴线符号

电力、照明和电信布置图通常是在建筑物平面图上完成的。在这类图上一般标有建筑定位轴线。凡承重墙、柱、梁等主要承重构件的位置所画的轴线,称为定位轴线。

定位轴线编号的基本原则是:在水平方向,从左至右用顺序的阿拉伯数字;在垂直方向采用拉丁字母(易混淆的 I、O、Z 不用),由下向上编写;数字和字母分别用点画线引出。建筑物定位轴线示例如图 1.19 所示,其定位轴线分别是 A、B、C 和 1、2、3、4、5。

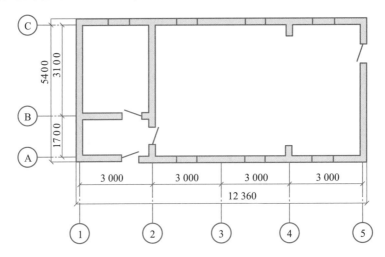

图 1.19   建筑物定位轴线示例

一般而言,各相邻定位轴线间的距离是相等的,所以位置图上的定位轴线相当于地图的经纬线,也类似于图幅分区,有助于制图和读图时确定设备的位置,计算电气管线的长度。

1.3 电气制图中的标识代号

文件符号和代号是电气制图的重要组成部分。正确使用由文字符号、代号组成的标识代号系统是编制电气技术用文件、绘制电气简图的保证。

标识系统主要包括参照代号、端子代号、信号代号、文件代号等。

① 信号代号由参照代号和信号名组成，表示为"参照代号：信号名"。

② 端子代号由参照代号和端子号组成，表示为"参照代号：端子名"。

③ 文件代号由参照代号和文件种类分类码组成，表示为"参照代号 & 文件种类分类码"。

端子代号、信号代号、文件代号都由参照代号引出，可见，参照代号是最重要的标识代号。

1.3.1 参照代号的意义

1. 参照代号在信息结构中的作用

参照代号用以表示项目，它把不同种类的文件中的项目信息和构成系统的产品关联起来。

经结构化的信息，给予参照代号，和代号一并存储于数据库，这样独立的信息单元成为构件，参照代号称为计算机代码，参照代号系统成为检索项目信息的导航工具。通过参照代号可以调出相应结构化的信息，这样的信息还可以重复利用。

进行工程设计，首先要构建信息结构，将系统中的项目特别是较大成套设备或复杂产品的信息有序地加以编排，作为构建的结构储存在数据库中，利用检索该信息的手段，通过参照代号形成的导航工具，可了解系统在全寿命周期各个阶段所需要进行的活动。

标准化的标识系统使得在工业领域有遵从同一原则的公共语言，提高了技术形态全寿命周期的各个阶段（策划、设计、获取、建造、试运行、运行、维修、退役、重装）的安全性、经济性，能满足产品及高度自动化对数据、信息提出的要求；同时，提高了过程的效率，同一项目的所有成员能互相清楚了解本单位其他成员或外单位成员，还能防止人为错误。

2. 构建信息结构

任何复杂系统都可以分解成树结构，如图 1.20 和图 1.21 所示。

但观察的角度不同，可以形成不同的结构树。GB/T 5094 将观察的角度分为功能角度、产品角度和位置角度，分别称为功能方面、产品方面、位置方面，也可简称为功能面、产品面、位置面。GB/T 5094 对应的国际标准 IEC61346 提出：观察角度可增加财务方面（对部分用户作用突出）及逻辑方面（研究特定项目阶段的必要方面）。

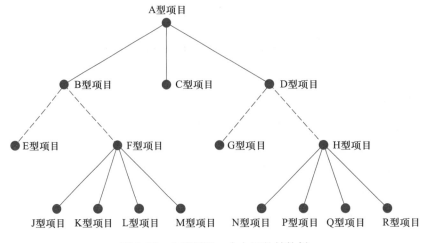

图 1.20 A 型项目一个方面的结构树

图 1.21 A 型项目一个方面结构树的另一种形式

功能面结构以系统的用途为基础。系统根据功能面细分为若干组成项目，不必考虑位置和（或）实现功能的是什么样的产品。系统的功能被分解为若干子功能，这些子功能共同完成预期的用途，如图 1.22 所示。

产品面结构以使用中间产品或成品的方式为基础。根据产品面被细分为若干组成项目，而不必考虑功能和（或）位置。一个产品可以完成一种或多种独立功能。一个产品可独处于一处，或与其他产品合处于一处；一个产品也可位于多处。产品面结构一般以产品实体层层分解或合成。产品被分解为若干子产品，正是这些子产品的制造、装配或包装共同完成或汇集成产品，如图 1.23 所示。

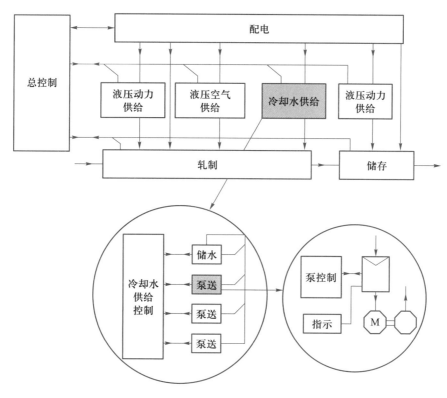

图 1.22 功能面结构图解

位置面结构以系统的位置布局和（或）系统所在的环境为基础。位置面被分解为若干组成项目而不必考虑产品和（或）功能。一个位置可以包含任意数量的产品，如图 1.24 所示。

1.3.2 参照代号的表示方法

1. 前缀

① 功能面结构：基于系统的目的。功能面结构表示形态依据功能细分的组成项目，即"做什么"，用"＝"作前缀。

② 产品面结构：基于系统的应用、加工或交付使用中间产品或成品的方式，即"如何构成"，用"—"作前缀。

③ 位置面结构：基于系统所在位置和（或）环境，即"位于何处"，用"＋"作前缀。

2. 单层参照代号的格式

单层参照代号指结构树中某一节点的参照代号，由前缀符号+以下三种代码的一种构成：

① 字母代码：字母代码用大写拉丁字母，A、RM、G 等，I、O 不用。

② 字母代码加数字：应字母在前，数字在后，如 R5、C2、LT12 等。

③ 数字：如 1、2、3、11、12、31、32 等。

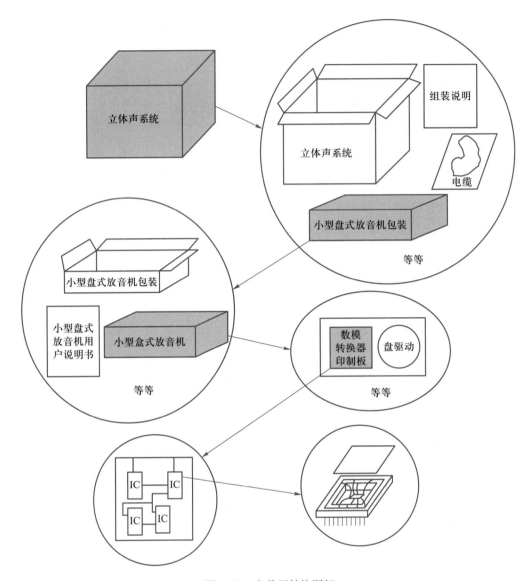

图 1.23 产品面结构图解

项目种类的字母代码应按 GB/T 5094 进行选择。

3. 多层参照代号

（1）何为多层参照代号

连接从最高点开始的路径上每个项目的单层参照代号，构成多层参照代号。多层参照代号包含若干节点。节点数视系统的实际需要和复杂性而定。顶端节点所代表的项目可用零件号、订货号、型号或名称，不给予参照代号，当系统被并入更大的系统时，才给予参照代号。多层参照代号如图 1.25 和图 1.26 所示。

如图 1.26 中的 "＝J1" 是该节点的单层参照代号，而 "＝B1E1J1" 是该点的多层参照代号。

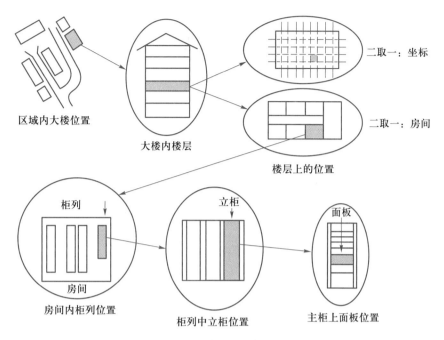

图 1.24 位置面结构图解

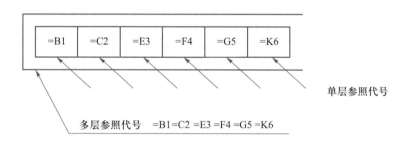

图 1.25 多层参照代号及单层参照代号之间的关系 1

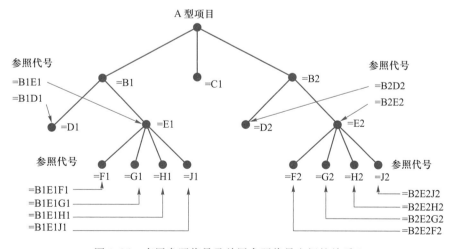

图 1.26 多层参照代号及单层参照代号之间的关系 2

（2）表示方法

当某层参照代号的前缀符号与前面的单层参照代号前缀符号相同时：

① 如果单层参照代号以数字结尾，并且下一代号以字母代码开始，则前缀符号可以省略，如 "=B1=E1=J1" 可写作 "=B1E1J1"。

② 前缀符号可用 "."（下脚点）代替，如前述 "=B1=E1=J1" 也可写作 "=B1. E1. J1"。

③ 多层参照代号可采用空格来分割不同的单层参照代号以增加可读性。

（3）参照代号集

对所关注的项目可从不同的方面进行研究，可能有多个参照代号，超过一个参照代号与项目相关，则将其称为参照代号集。

① 每个参照代号应明显地区别于其他代号。

② 至少应有一个参照代号唯一地标识所关注的项目。

③ 当参照代号集内有些参照代号标识（子）项目，可能出现混淆时，则要加省略号，如图 1. 27（c）所示。如果不出现混淆情况，则去除省略号，如图 1. 27（d）所示。

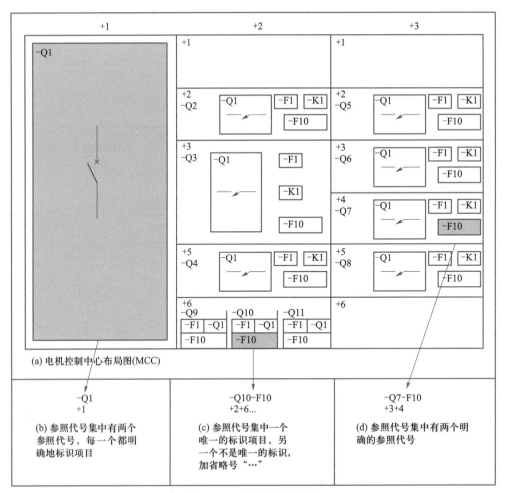

图 1. 27　参照代号集示例

习题 1

1. 通常完整的电气图图面由哪几部分组成?
2. 电气图上标注的尺寸的基本规则是什么?
3. 简图布局中的图线布局有哪几种形式?
4. 简述图形符号的设计使用规则。

第2章　电气图的基本表示方法

本章主要介绍电气图的基本表示方法，包括电气线路的表示方法、电气元件的表示方法、电气元件触点的表示方法、元件接线端子的表示方法、连接线的一般表示方法、连接的连续表示法和中断表示法以及导线的识别标记及其标注方法等。

教学课件：
电气线路的
表示方法

2.1　电气线路的表示方法

电气线路的表示方法通常有多线表示法、单线表示法和混合表示法三种。

2.1.1　多线表示法

电气图中的每根连接线或导线各用一条图线表示的方法，称为多线表示法。

多线表示法能比较清楚地表达电路的连接，一般用于表示各相或各线内容的不对称情况和要详细地表示各相或各线的具体连接方法的情况，但对于较复杂的设备，图线太多反而有碍读图。

图 2.1 为三相笼型异步电动机实现正、反转的主电路图，也是多线表示法示例图。图中 KM1、KM2 分别为正、反转接触器，它们的主触点接线的相序不同，KM1 按 U—V—W 相序接线，KM2 按 V—U—W 相序接线，即将 U、V 两相对调，所以两个接触器分别工作时，电动机的旋转方向不一样，实现电动机的可逆运转。

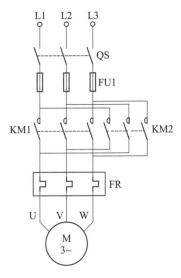

图 2.1　多线表示法示例图

2.1.2　单线表示法

电气图中的两根或两根以上的连接线或导线，只用一根线表示的方法，称为单线表示法。

单线表示法主要适用于三相电路或各线基本对称的电路图中，对于不对称的部分应在图中有附加说明。主要有以下几种情况：

① 当平行线太多时往往用单线表示法，如图 2.2（a）所示。

② 当有一组线其两端都有各自编号时，可采用单线表示法，如图 2.2（b）（多线表示法）、（c）（单线表示法）所示。

③ 当一组线中，交叉线太多时，可采用单线表示法，但两端不同位置的连接线应标以相同的编号。

④ 用单线表示多根导线或连接线，用单个符号表示多个元件，如图 2.2（e）、（f）所示，可分别表示出线数或元件数。

⑤ 当单根导线汇入用单线表示的一组连接线时，可采用单线表示法，应在每根连接线的末端注上标记符号，汇接处用斜线表示，其方向表示连接线进入或离开汇总线的方向，如图 2.2（g）所示。

图 2.2（h）为具有电动机正、反转的单线表示的主电路图。

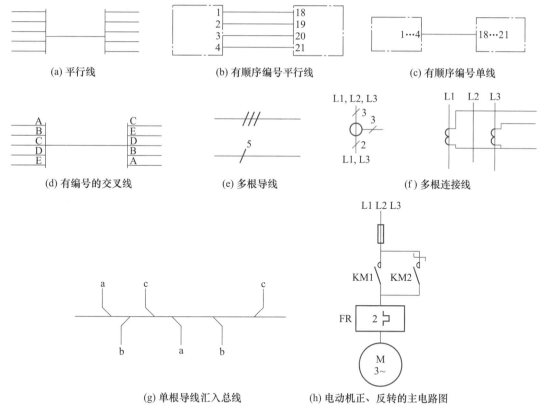

(a) 平行线　　　　　　(b) 有顺序编号平行线　　　　　　(c) 有顺序编号单线

(d) 有编号的交叉线　　　(e) 多根导线　　　　(f) 多根连接线

(g) 单根导线汇入总线　　(h) 电动机正、反转的主电路图

图 2.2　单线表示法示例

单线表示法还可引申用于图形符号，即用单个图形符号表示多个相同的元器件，见表 2.1。

表 2.1 单线表示法引申用于图形符号

序号	单线表示法	等效的多线表示法	说　明
1			1 个手动三极开关
2			3 个手动单极开关
3			3 个电流互感器；4 个次级引线引出
4			2 个电流互感器，导线 L1 和导线 L3；3 个次级引线引出
5			2 个相同的 3 输入与非门（带有非输出）
6			带有公共控制框的 6 个相同的 D 寄存器

图 2.3 为 Y-Δ 起动器主电路连接线的多线表示法和单线表示法比较。

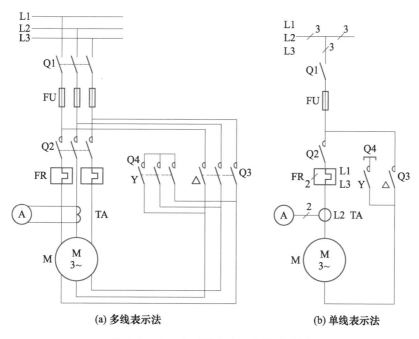

图 2.3　Y-Δ 起动器主电路连接线示例

2.1.3　混合表示法

在一个电气图中，一部分采用单线表示法，一部分采用多线表示法，称为混合表示法。如图 2.4 所示，为 Y-Δ 起动器主电路的混合表示法。

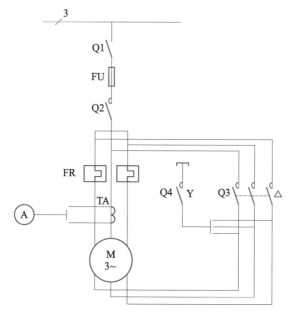

图 2.4　Y-Δ 起动器主电路混合表示法

为了表示三相绕组的连接情况和不对称分布的两相热继电器，用了多线表示法，其他的三相对称部分均采用单线表示法。

混合表示法既有单线表示法的简洁精练的优点，又有多线表示法对描述对象精确、充分的优点。

2.2   电气元件的表示方法

教学课件：
电气元件的
表示方法

电气元件在电气图中通常用图形符号来表示，一个完整的电气元件中功能相关的各部分通常采用集中表示法、半集中表示法、分开表示法和重复表示法等，元件中功能无关的各部分（元件的各部分可能有公共的电压供电连接点）可采用组合表示法或分立表示法。

2.2.1   集中表示法

把设备或成套装置中的一个项目各组成部分的图形符号在简图上绘制在一起的方法，称为集中表示法。在集中表示法中，各组成部分用机械连接线（虚线）互相连接起来，连接线必须是一条直线，这种表示法只适用于比较简单的电路图。如图 2.5 所示，继电器 KA 有 1 个线圈和 1 对动合触点，接触器 KM 有 1 个线圈和 3 对动合触点，它们分别用机械连接线联系起来，各自构成一个整体。

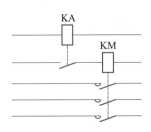

图 2.5   集中表示法示例

集中表示法符号示例见表 2.2。图 2.6 为用集中表示法表示的"双向旋转驱动系统电路图"示例。

表 2.2   集中表示法符号示例

序号	集中表示法	说　　明
1	A1　A2 13　14 23　24	继电器

序号	集中表示法	说　明
2		按钮开关
3		手动的或电动的带自动脱扣机构，脱扣线圈，过电流和过负荷释放的断路器
4		三绕组变压器
5		光电耦合器
6		有公共控制框的四路选择器

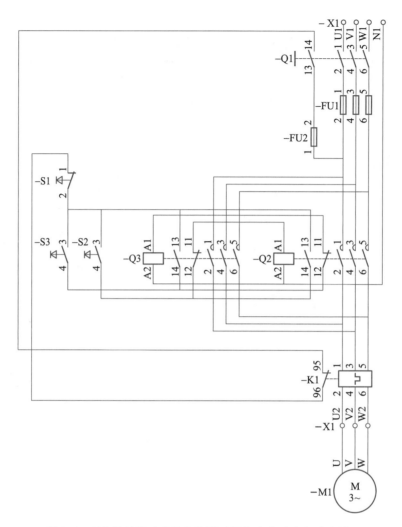

图 2.6　双向旋转驱动系统电路图（用集中表示法表示示例）

2.2.2　半集中表示法

把一个项目中某些部分的图形符号在简图中分开布置，并用机械连接符号把它们连接起来，称为半集中表示法。在半集中表示法中，机械连接线可以弯折、分支或交叉。例如，图 2.7 中 KM 具有 1 个线圈、3 对主触点和 1 对辅助触点。由于线圈属于控制电路，3 对主触点属于主电路，而 1 对辅助触点属于信号电路，用半集中表示法表示，表达效果比较清楚。

半集中表示法符号示例见表 2.3，图 2.8 为用半集中表示法表示的"双向旋转系统电路图"示例。

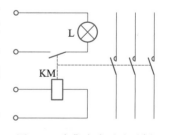

图 2.7　半集中表示法示例

表 2.3　半集中表示法符号示例

序号	半集中表示法	说　明
1		继电器
2		按钮开关
3		手动的或电动的带自动脱扣机构，脱扣线圈，过电流和过负荷释放的断路器

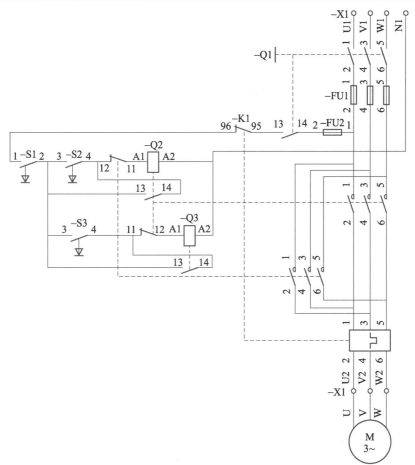

图 2.8　双向旋转驱动系统电路图（用半集中表示法表示示例）

2.2.3　分开表示法

把一个项目中某些部分的图形符号在简图中分开布置，并使用项目代号（或文字符号）表示它们之间关系的方法，称为分开表示法，分开表示法也称为展开法。分开表示法也就是把集中表示法或半集中表示法中的机械连接线去掉，在同一个项目图形符号上标注同样的项目代号。

若图 2.7 采用分开表示法，就成为图 2.9。这样图中的虚线就少，图面更简洁，但是在读图时，要寻找各组成部分比较困难，必须综观全局图，把同一项目的图形符号在图中全部找出，否则在读图时就可能会遗漏。

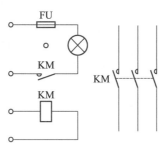

图 2.9　分开表示法示例

为了看清元件、器件和设备各组成部分，便于寻找其在图中的位置，分开表示法可与半集中表示法结合起来（如图 2.10 所示），或者可采用插图、表格等表示各部分的位置（见表 2.4）。

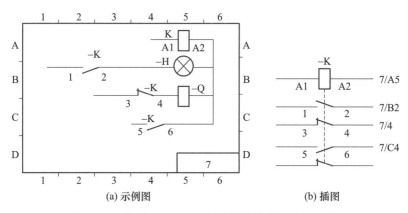

(a) 示例图　　　　　　　　　(b) 插图

图 2.10　分开表示法中各组成部分的位置确定方法

表 2.4　继电器 K 各组成部分的位置

名　　称	代　　号	图 中 位 置	备　　注
驱动线圈	A1—A2	7 号 5，7/A5	
动合触点	1—2	7/2，7/B2	—H 电路中

续表

名 称	代 号	图中位置	备 注
动断触点	3-4	7/4	—Q 电路中
动合触点	5-6	7/C4	
动断触点	7-8		备用

表中，"图中位置"一栏所标的是图幅分区代号，"7/4"是 7 号图 4 行，"7/C4"是 7 号图 C4 区。

若用插图表示各组成部分的位置，其插图形式如图 2.10（b）所示，对应于线圈和触点的符号，就是该组成部分在图 2.10（a）中的位置代号。

分开表示法符号示例见表 2.5，图 2.11 为用分开表示法表示的"双向旋转系统电路图"示例。

表 2.5　分开表示法符号示例

序号	分开表示法	说　明
1	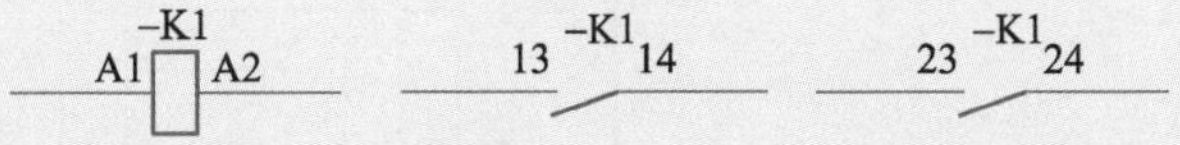	继电器
2		按钮开关
3	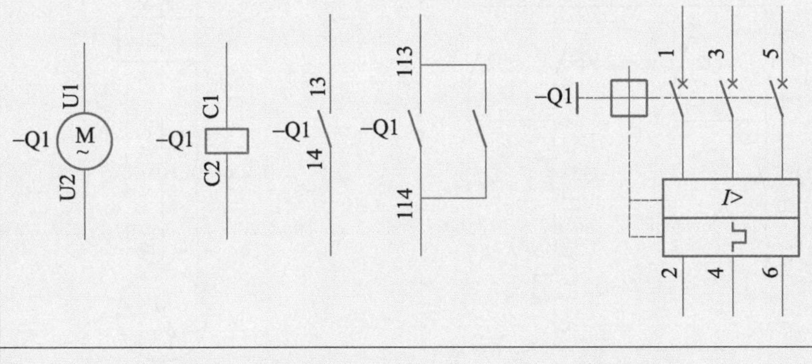	手动的或电动的带自动脱扣机构，脱扣线圈，过电流和过负荷释放的断路器
4	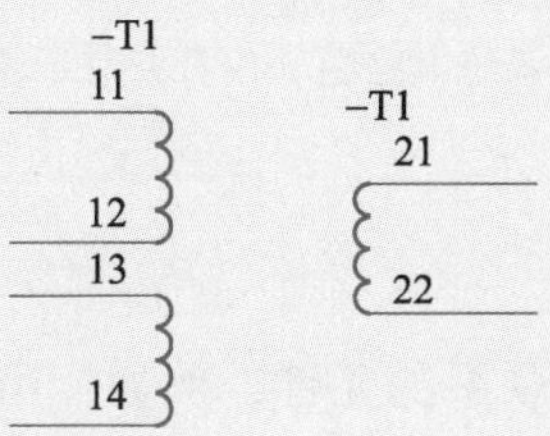	三绕组变压器

续表

序号	分开表示法	说　明
5	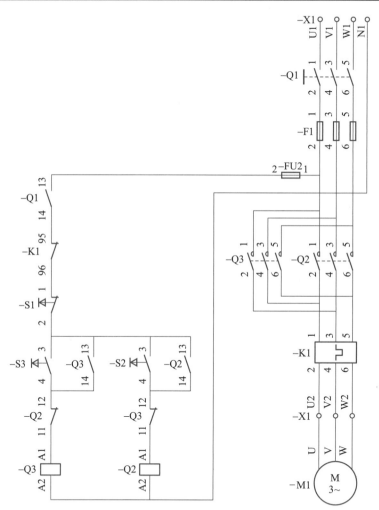	光电耦合器

图 2.11　双向旋转驱动系统电路图（用分开表示法表示示例）

2.2.4　重复表示法

一个复杂符号（通常用于有电功能联系的元件，例如：用含有公共控制框或公共输出框的符号表示的二进制逻辑元件）示于图上的两处或多处的表示方法称为重复表示法。同一个项目代号只代表同一个元件，如图 2.12 所示。

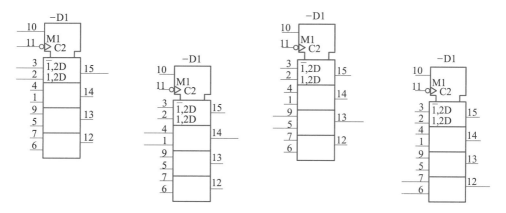

图 2.12 重复表示法示例

2.2.5 组合表示法

将功能上独立的符号的各部分画在围框线内，或将符号的各部分（通常是二进制逻辑元件或模拟元件）连在一起的方法，称为组合表示法。如图 2.13 所示，图（a）为二继电器的封装单元，图（b）为四输出**与非**门封装单元。

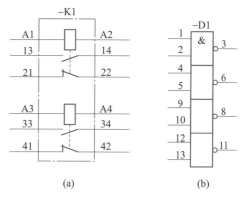

图 2.13 组合表示法示例

2.2.6 分立表示法

将功能上独立的符号的各部分分开示于图上的表示方法称为分立表示法。如图 2.14 所示，注意分开表示的符号用同一个项目表示。

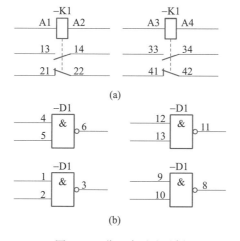

图 2.14 分立表示法示例

2.3　电气元件触点位置、工作状态和技术数据的表示方法

2.3.1　电气元件触点位置的表示方法

电气元件、器件和设备的触点按其操作方式，分为两大类：一类是靠电磁力或人工操作的触点，如接触器、电继电器、开关、按钮等的触点；另一类是非电和非人工操作的触点，如非电继电器、行程开关等的触点。这两类触点，在电气图上有不同的表示方法。

（1）接触器、电气继电器、开关、按钮等项目的触点符号

同一电路中，在加电和受力后，各触点符号的动作方向应取向一致：当元件受激时，水平连接的触点，动作向上；垂直连接的触点，动作向右。当元件的完整符号中含有机械锁定、阻塞装置、延迟装置等情况下更应如此。但是，在分开表示法表示的电路中，当触点排列复杂而没有保持等功能的情况下，为避免电路连接线的交叉，使图面布局清晰，在加电和受力后，触点符号的动作方向可不强调一致，触头位置可以灵活运用，没有严格的规定。

用动合触点符号或动断触点符号表示的半导体开关应按其初始状态即辅助电源已合的时刻绘制，如图 2.15 所示。

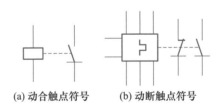

(a) 动合触点符号　　　(b) 动断触点符号

图 2.15　用触点符号表示半导体开关的方法

（2）对非电和非人工操作的触点符号

必须在其触点符号附近表明运行方式，为此可采用下列方法：

① 用图形表示。

② 用操作器件的符号表示。

③ 用注释、标记和表格表示。

表 2.6 为用图形或操作器件的符号表示的非电或非人工操作的触点运行方式。

表 2.6　用图形或操作器件的符号表示的非电或非人工操作的触点的运行方式

序号	用图形表示	用符号表示	说　明
1	1 ⌐ 0　15　℃		垂直轴上的"0"表示触点断开，而"1"表示触点闭合（下同）；水平轴表示温度，当温度等于或超过15℃时触点闭合

续表

序号	用图形表示	用符号表示	说　明
2			温度增加到 35℃ 时触点闭合，然后温度降到 25℃ 时触点断开
3			当速度上升时，触点在 0 m/s 处闭合，在 5.2 m/s 处断开，而当速度下降时，在 5 m/s 处闭合
4			水平轴表示角度，触点在 60° 与 180° 之间闭合，也在 240° 与 330° 之间闭合，在其他位置断开
5			触点在位置 X 和 Y 之间断开
6			触点只在位置 X 处闭合

用注释、标记表示的示例如图 2.16 所示，用表格表示的示例见表 2.7。

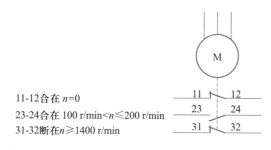

11-12合在 $n=0$

23-24合在 100 r/min$<n\leqslant$200 r/min

31-32断在$n\geqslant$1400 r/min

图 2.16　描述速度监测用引导开关功能的说明示例

表 2.7　某行程开关触点运行方式

角度/(°)	0~60	60~80	180~240	240~330	330~360
触点状态	0	1	0	1	0

2.3.2　元件工作状态的表示方法

在电气图中，元件和设备的可动部分通常应表示在非激励或不工作的状态或位置，例如：

① 继电器和接触器在非激励的状态，其触头状态是非受电下的状态。

② 断路器、负荷开关和隔离开关在断开位置。

③ 温度继电器、压力继电器都处于常温和常压（一个大气压）状态。

④ 带零位的手动控制开关在零位置，不带零位的手动控制开关在图中规定位置。

⑤ 机械操作开关（如行程开关）在非工作的状态或位置（即搁置）时的情况及机械操作开关的工作位置的对应关系，一般表示在触点符号的附近或另附说明。

⑥ 多重开闭器件的各组成部分必须表示在相互一致的位置上，而不管电路的工作状态。

⑦ 事故、备用、报警等开关或继电器的触点应该表示在设备正常使用的位置，如有特定位置，应在图中另加说明。

2.3.3　元件技术数据、技术条件和说明的标志

电路中的元件的技术数据（如型号、规格、整定值、额定值等）一般标在图形符号的近旁。当元件垂直布置时，技术数据标在元件的左边；当元件水平布置时，技术数据标在元件的上方；符号外边给出的技术数据应放在项目代号的下面。

对于像继电器、仪表、集成块等矩形符号或简化外形符号，则可标在方框内，如图 2.17 所示。另外，技术数据也可用表格的形式给出。"技术条件"或"说明"的内容应书写在图样的右侧，当注写内容多于一条时，应按阿拉伯数字顺序编号。

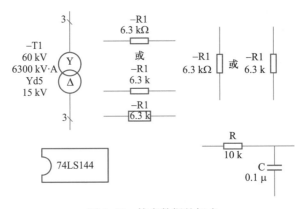

图 2.17　技术数据的标志

2.4 元件接线端子的表示方法

2.4.1 端子的图形符号

在电气元件中，用以连接外部导线的导电元件，称为端子。端子分为固定端子和可拆卸端子两种。图形符号分别为：

固定端子："。" 或 "·"

可拆卸端子："ϕ"

装有多个互相绝缘并通常与地绝缘的端子的板、块或条，称为端子板。端子板的图形符号一般为：

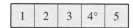

2.4.2 电器接线端子的标志

基本电气器件（如电阻器、熔断器、继电器、变压器、旋转电机等）和这些器件组成的设备（如电动机控制设备等）的接线端子以及执行一定功能的导线线端（如电源、接地、机壳接地等）的标志方法有 4 种，这 4 种方法具有同等效用，它们是：

① 按照一种公认方式明确接线端子的具体位置。

② 按照一种公认方式使用颜色代号。

③ 按照一种公认方式使用图形符号。

④ 使用大写拉丁字母和阿拉伯数字的字母数字符号。

至于在实际中选用哪一种方法，这主要取决于电气器件的类型、接线端子的实际排列以及该器件或装置的复杂性。一般来说，对于插头，指明其插脚的真实位置或相对位置和它的形状即可。对应用于无固定接线端子的小器件，在其绝缘布线上标明颜色代号即可。图形符号最适用于标志家用电器之类的设备。对于复杂的电器和装置，需要用字母数字符号来标志。颜色、图形符号或字母数字符号必须标志在电器接线端子处。

2.4.3 以字母数字符号标志端子的原则和方法

一个完整的符号是由字母和数字为基础的字符组所组成，每一个字符组由一个或几个字母或者数字组成。在不可能产生混淆的地方，不必用完整的字母数字符号，允许省略一个或几个字符组。在使用仅含有数字或者字母的字符组的地方，若有必要区分相连字符时，必须在两者之间采用一个圆点 "·"。例如：1U1 是一个完整的符号，如果不需要用字母 U，可简化成 1·1；如果没有必要区分相连的字符组，则用 11。若一个完整的符号是 1U11，简化后的符号是 1·11，如没有必要区分相连的字符组，则用 111。标志直流元件的字母从字母表的前部分中选用，标志交流元件的字母从字母表的后部分中选用。不同元件、电器端子标志的表示方法见表 2.8。

表 2.8   不同元件、电器端子标志的表示方法

元件、电器形式	端子表示方法	图　　例
单个元件	两个端点用连续的两个数字标志，奇数数字应小于偶数数字	1○—▭—○2
单个元件中有端点	中间各端点用自然递增数序的数字，应大于两边端点的数字，从靠近较小数字端点处开始标志	1○—▭—○2　3 4 5
相同元件组	在数字前冠以字母，此例为识别三相交流系统各相，带 6 个接线端子的三相电器	U1 V1 W1 ⋯ U2 V2 W2
几个相似元件组合成元件组	在数字前冠以数字，此例无须或不可能识别相位。数字之间加以实心圆点或组成连续数字，但该元件的奇数数字宜小于偶数数字	1.1 2.1 3.1 ⋯ 1.2 2.2 3.2　11 21 31 ⋯ 12 22 32　13 21 1 3 5 ⋯ 14 22 2 4 6

续表

元件、电器形式	端子表示方法	图 例
同类元件组	用相同字母标志，并在字母前冠以数字来区别	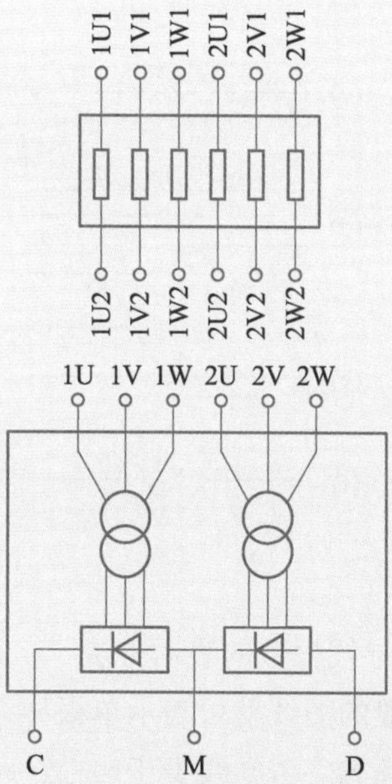
电器与特定导线相连	用字母数字符号表示	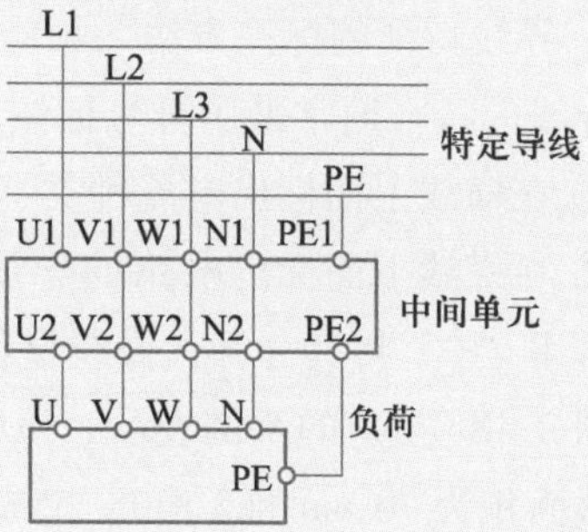

教学课件：连接线的一般表示方法

2.5 连接线的一般表示方法

在电气线路图中，各元件之间都采用导线连接，起到传输电能、传递信息的作用。

2.5.1 导线的一般表示法

1. 导线的一般符号

导线的一般符号如图 2.18（a）所示，可用于表示一根导线、导线组、电线、电缆、电路、传输电路、线路、母线、总线等，根据具体情况加粗、延长或缩小。

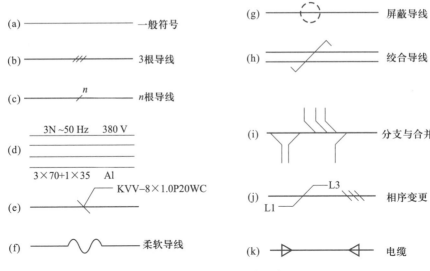

图 2.18 导线的一般表示方法

2. 导线根数的表示方法

一般的图线就可表示单根导线。对于多根导线，可以分别画出，也可以只画一根图线，但需加标志。若导线少于四根，可用短画线数量代表根数；若多于四根，可在短画线旁加数字表示，如图 2.18（b）、（c）所示。

3. 导线特征的标注方法

导线的特征通常采用符号标注。表示导线特征的方法是：

① 在横线上面标出电流种类、配电系统、频率和电压等。

② 在横线下面标出电路的导线数乘以每根导线的截面积（mm^2），若导线的截面不同时，可用"+"将其分开；导线材料可用化学元素符号表示。

图 2.18（d）的示例表示，该电路有 3 根相线，一根中性线（N），交流 50 Hz，380 V。导线截面积为 70 mm^2（3 根），35 mm^2（1 根），导线材料为铝（Al）。

在某些图（例如安装平面图）上，若需表示导线的型号、截面、安装方法等，可采用图 2.18（e）所示的标注方法。示例的含义是：导线型号，KVV（铜芯塑料绝缘控制电缆）；截面积，8×1.0 mm^2；安装方法，穿入塑料管（P），塑料管管径 ϕ20 mm，沿墙暗敷（WC）。

4. 导线换位及其他表示方法

在某些情况下需要表示电路相序的变更、极性的反向、导线的交换等，则可采用图 2.18（j）的方式表示。示例的含义是 L1 相与 L3 相换位。

其他含义见图中文字标注。

2.5.2 图线的粗细

为了突出或区分某些电路及电路的功能等，导线、连接线等可采用不同粗细的图线来表示。一般来说，电源主电路、一次电路、主信号通路等采用粗线，与之相关的其余部分用细线。例如图 2.19 中，由隔离开关 QS、断路器 QF 等组成的变压器 T 的电源电路用粗线表示，而由电流互感器 TA 和电压互感器 TV、电度表 Wh 组成的电流测量电路用细线表示。

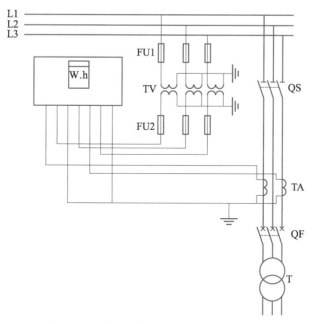

图 2.19 采用粗实线突出电源回路的示例

2.5.3 连接线的分组和标记

母线、总线、配电线束、多芯电线电缆等都可视为平行连接线。为了便于读图，对多条平行连接线，应按功能分组。不能按功能分组的，可以任意分组，每组不多于 3 条。组间距离应大于线间距离。图 2.20（a）所示的 8 条平行连接线，具有两种功能：其中交流 380 V 导线 6 条，分为两组；直流 110 V 导线 2 条，分为一组。

为了表示连接线的功能或去向，可以在连接线上加注信号名或其他标记，标记一般置于连接线的上方，也可以置于连接线的中断处，必要时可以在连接线上标出波形、传输速度等信号特性的信息，如图 2.20（b）所示。

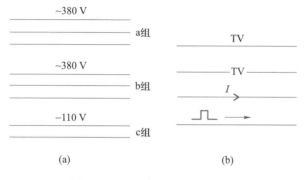

图 2.20 连接线分组和标记示例

2.5.4　导线连接点的表示

导线的连接点有 "T" 形连接点和多线的 "+" 形连接点。

对 "T" 形连接点可加实心圆点 "·"，也可不加实心圆点；对 "+" 形连接点必须加实心圆点，如图 2.21（a）所示。

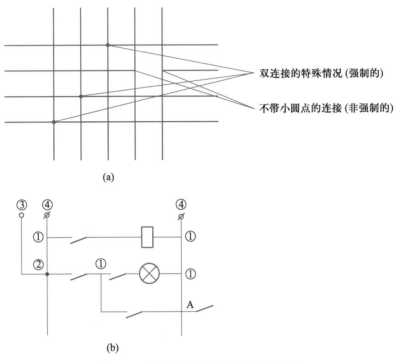

图 2.21　导线连接点的表示方法及示例

对交叉而不连接的两条连接线，在交叉处不能加实心圆点，并应避免在交叉处改变方向，也应避免穿过其他连接线的连接点。

图 2.21（b）是表示导线连接点的示例。图中连接点①属于 "T" 形连接点，没有实心圆点；连接点②属于 "+" 字交叉连接点，必须加实心圆点；连接点③是导线与设备端子的固定连接点；连接点④是导线与设备端子的活动连接点（可拆卸连接点）。图中 A 处，表示的是两导线交叉而不连接。

2.6　连接的连续表示法和中断表示法

教学课件：
连接的连续
表示法和中
断表示法

2.6.1　连续表示法

连续表示法是将连接线头尾用导线连通的办法。在表现形式上可用多线或单线表示，为保持图面清晰，避免线条太多，对于多条去向相同的连接线，常采用单线表示法，如图 2.22 所示。

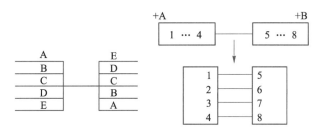

图 2.22 连续线表示法

如果有 6 根或 6 根以上的平行连接线，则应将它们分组排列。在概略图、功能图和电路中，应按照功能来分组。不能按功能分组的其余情形，则应按不多于 5 根线分为一组进行排列，如图 2.23 所示。

图 2.23 平行连接线分组示例

多根平行连接线可用一根图线，采用下列方法中的一种（一根图线表示一个连接组）来表示：

① 平行连接线被中断，留有一点间隔，画上短垂线，其间隔之间的一根横线则表示线束，如图 2.24、图 2.25 和图 2.26（a）所示。

图 2.24 采用短垂线方法的线组示例

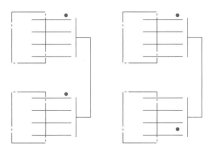

图 2.25 采用短垂线并用圆点标识第一根连接线的线组示例

② 单根连接线汇入线束时，应倾斜相接，如图 2.26（b）、图 2.27 和图 2.28 所示。线束与线束相交不必倾斜，如图 2.28 所示。

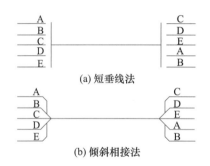

图 2.26   采用单根连接线表示线组的示例

图 2.27   采用倾斜相接法并用信号代号标识连接线的线组示例

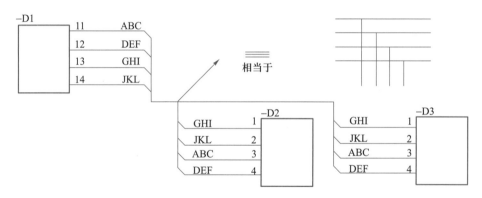

图 2.28   采用倾斜相接法并用信号代号标识连接线的线组示例

如果连接线的顺序相同，但次序不明显，如图 2.25 所示，当线束折弯时，必须在每端注明第一根连接线，例如用一个圆点。

如端点顺序不同，应在每一端标出每根连接线，如图 2.26～图 2.28 所示。必要时，通过线束表示的连接线的数目应表示出来。

2.6.2   中断表示法

中断表示法是将连接线在中间中断，再用符号表示导线的去向。如果连接线将要穿过图的大部分幅面稠密区域时，连接线可以中断。中断线的两端应有标记。如果连接线在一张图上被中断，而在另一张图上连续时，必须相互标出中断线末端的识别标记。

中断线的识别标记可由下列一种或多种组成：

① 连接线的信号代号或另一种标记。

② 与地、机壳或其他任何公共点相接的符号。

③ 插表。

④ 其他的方法。

在同张图中断处的两端给出相同的标记号，并给出导线连接线去向的记号，如图 2.29 中的 G 标记号。对于不同张的图，应在中断处采用相对标记法，即中断处标记名相同，并标注"图序号/图区位置"。图中断点 L 标记名，在第 20 号图纸上标有"L 3/C4"，它表示 L 中断处与第 3 号图纸的 C 行 4 列处的 L 断点连接；而在第 3 号图纸上标有"L 20/A4"，它表示 L 中断处与第 20 号图纸的 A 行 4 列处的 L 断点相连。

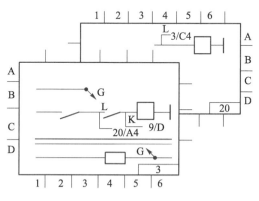

图 2.29 中断表示法及其标志

对于接线图，中断表示法的标注采用相对标注法，即在本元件的出线端标注去连接的对方元件的端子号。如图 2.30 所示，PJ 元件的 1 号端子与 CT 元件的 2 号端子相连接，而 PJ 元件的 2 号端子与 CT 元件的 1 号端子相连接。

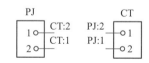

图 2.30 中断表示法的相对标注

教学课件：
导线的识别
标记及其标
注方法

2.7 导线的识别标记及其标注方法

2.7.1 导线标记的分类

电气接线图中连接各设备端子的绝缘导线或线束应有标记。标记可分为主标记和补充标记。

2.7.2 主标记

主标记可仅标记导线或线束的特征，而不考虑电气功能。主标记有从属标记、独立标记和组合标记三种方式。

1. 从属标记

从属标记可采用由数字或字母构成的标记，此标记由导线所连接的端子代号或线束所连接的设备代号确定。从属标记的分类和示例见表 2.9。

表 2.9 从属标记的分类和示例

分　类	要　　求	示　　例
从属远端标记	对于导线，其终端标记应与远端所连接项目的端子代号相同 对于线束，其终端标记应标出远端所连接的设备的部件的标记	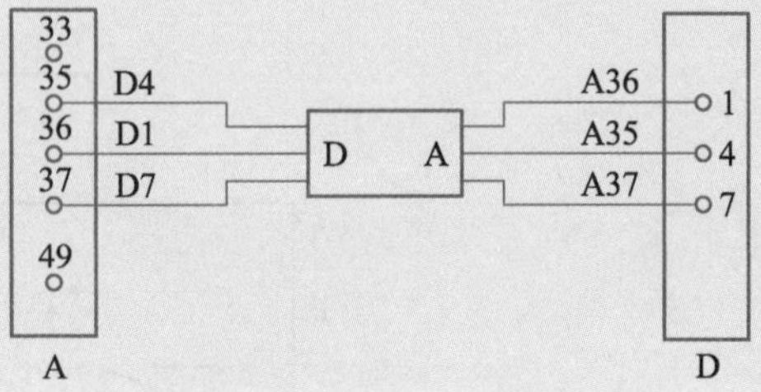
从属本端标记	对于导线，其终端标记应与所连接项目的端子代号相同 对于线束，其终端标记应标出所连接的设备的部件的标记	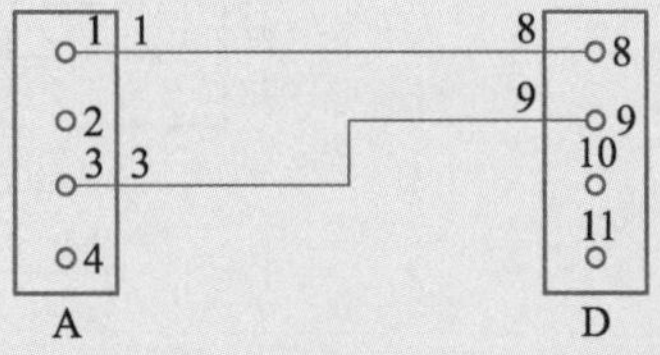
从属两端标记	对于导线、其终端标记应同时标明本端和远端所连接项目的端子代号 对于线束，其终端标记应同时标明本端和远端所连接设备的部件的标记	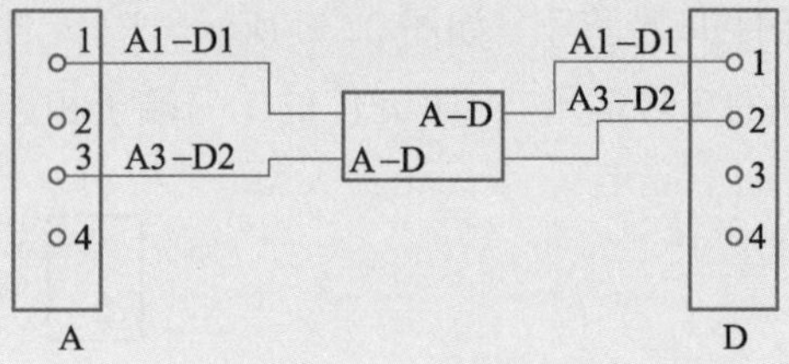

这三种标记方式各有优缺点，从属本端标记对于本端接线，特别是导线拆卸以后再往端子上接线，比较方便；从属远端标记清楚地标示出了导线连接的去向；从属两端标记综合前两者的优点，但文字较多，当图线较多时，容易混淆。

2. 独立标记

独立标记可采用数字或字母和数字构成的标记。此标记与导线所连接的端子代号或线束所连接的设备代号无关，这种方式只用于连续线方式表示的电气接线图中。图 2.31 （a）为两根导线和线束（电缆）独立标记的示例，图 2.31 （b）中，两导线分别标记"5"和"6"，与两端的端子标记无关。

3. 组合标记

从属标记和独立标记一起使用的标记系统称为组合标记。图 2.32 是从属本端标记和独立标记一起使用的组合标记。

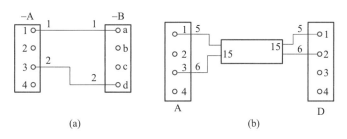

图 2.31　独立标记的示例

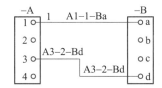

图 2.32　从属本端标记和独立标记的组合标记

2.7.3　补充标记

补充标记可作为主标记的补充，用于表明每一导线或线束的电气功能。

补充标记可根据需要采用如下各类标记方式：功能标记、相别标记和极性标记。

功能标记适用于分别表示每一导线的功能，如开关的闭合和断开，电流、电压的测量等；也可表示几根导线的功能，如照明、信号、测量电路等。

相别标记可用于表明导线连接到交流系统的某一相。

极性标记可用于表明导线连接到直流电路的某一极。

表示导线的相位、极性、接地等的补充标记符号见表 2.10。

表 2.10　导线的相位、极性、接地等的补充标记符号

序号	导线类别和名称	补充标记符号	备　注
1	交流系统电源线　　1 相 　　　　　　　　　2 相 　　　　　　　　　3 相 　　　　　　　　　中性线	L1 L2 L3 N	单相时可用 L、N
2	连接设备端子的电源线　　1 相 　　　　　　　　　　　2 相 　　　　　　　　　　　3 相 　　　　　　　　　　　中性线	U V W N	
3	直流系统电源线　　正 　　　　　　　　　负 　　　　　　　　　中间线	L+ L- M	
4	保护接地线	PE	

续表

序号	导线类别和名称	补充标记符号	备　注
5	不接地保护线	PU	
6	保护和接地共用线	PEN	
7	接地线	E	
8	无噪声接地线	TE	
9	接机壳或机架线	MM	
10	等电位线	CC	

为避免混淆，可用符号（如斜杠"/"）将补充标记和主标记分开，如图 2.33 所示。

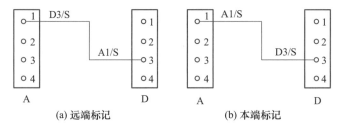

(a) 远端标记　　　　　　　　　　(b) 本端标记

图 2.33　具有补充标记"S"的从属标记示例

习题 2

1. 电气线路的表示方法通常有哪几种？请举例说明。
2. 电气元件的表示方法通常有哪几种？请举例说明。
3. 简述电气元件触点位置的表示方法。
4. 简述导线的识别标记及其标注方法。

第3章 基本电气图

本章简要介绍几种基本电气图的绘制要求，包括功能性简图、接线图和接线表、控制系统功能表图以及电气位置图的绘制等。

教学课件：
功能性简图

3.1 功能性简图

3.1.1 概略图

1. 概略图的特点、分类和用途

（1）概略图的特点

① 概略图所描述的内容是系统的基本组成和主要特征，而不是全部组成和全部特征。

② 概略图对内容的描述是概略的，但其概略程度则依描述对象不同而不同。如描述一个较小的系统，像熔断器、开关等设备元件就会在图上表示出来。

③ 概略图虽然表示的是一个多线系统，但一般都采用单线表示法。

（2）概略图的分类

主要采用方框符号的概略图称为框图。在电力工程中根据所表达的内容可分为电气测量控制保护框图、调度自动化系统框图等。

在地图上表示诸如发电站、变电站和电力线、电信设备和传输线之类的电网概略图称为电力网络图或电信网络图。

非电过程控制系统的概略图，反映过程流程的称为过程流程图，反映控制系统的测量和控制功能的概略图称为热工过程检测和控制系统图。

（3）概略图的用途

概略图用于概略表示系统、分系统、成套装置、设备、软件等的概貌，并能表示出各主要功能件之间和（或）各主要部件之间的主要关系（如主要特征及其功能关系）。

概略图可作为教学、训练、操作和维修的基础文件，还可作为进一步设计工作的依据，编制更详细的简图，如功能图和电路图。

概略图是有关操作、培训和维修不可缺少的重要电气工程图。通过阅读概略图，能帮助人们了解整个电气工程的规模及电气工程量的大小，概略了解整个系统的基本组成、相互关系和主要特征。同时，概略图也是作为电气运行中开关操作和电路切换的主要依据。因此，概略图是主控室、配电室、调度室中必备图纸之一。为方便运行人员模拟操作，有的还将概略图张贴在墙上，有的制成模拟板，或者编成计算软件随时调出使用。所以说，电力系统概略图是阅读电气技术文件的"引路人"。

2. 概略图绘制应遵循的基本原则和方法

① 概略图可在不同层次上绘制，较高的层次描述总系统，而较低的层次描述系统中的分系统。

② 概略图中的图形符号应按所有回路均不带电，设备在断开状态下绘制。

③ 概略图应采用图形符号或者带注释的框绘制。框内的注释可以采用图形符号、文字或同时采用图形符号与文字，如图 3.1 所示。

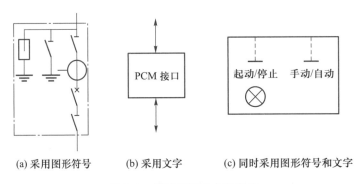

(a) 采用图形符号   (b) 采用文字   (c) 同时采用图形符号和文字

图 3.1   概略图框图内的注释

④ 概略图中的连线或导线的连接点可用小圆点表示，也可不用小圆点表示。但同一工程中宜采用其中一种表示形式。

⑤ 图形符号的比例应按模数 M 确定。图形符号的基本形状以及应用时相关的比例应保持一致。

⑥ 概略图中表示系统或分系统基本组成的图形符号和带注释的框均应标注项目代号，如图 3.2 所示。项目代号应标注在图形符号附近，当电路水平布置时，项目代号宜注在符号的上方；当电路垂直布置时，项目代号宜注在符号的左方。在任何情况下，项目代号都应水平排列。

⑦ 概略图上可根据需要加注各种形式的注释和说明。例如，在连线上可标注信号名称、电平、频率、波形、去向等，也允许将上述内容集中表示在图的其他空白处。概略图中设备的技术数据宜标注在图形符号的项目代号下方。

⑧ 概略图宜采用功能布局法布图，必要时也可按位置布局法布图。布局应清晰并利于识别过程和信息的流向。

⑨ 概略图中连线的线型，可采用不同粗细的线型分别表示。

⑩ 概略图中的远景部分宜用虚线表示，对原有部分与本期工程部分应有明显的区分。

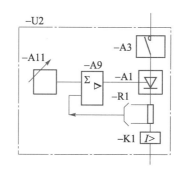

图 3.2 概略图中项目代号标注示例

3.1.2 功能图

1. 功能图的基本特点和用途

（1）功能图的基本特点

用理论的或理想的电路而不涉及实现方法来详细表示系统、分系统、成套装置、部件、设备、软件等功能的简图，称为功能图。

功能图的内容至少应包括必要的功能图形符号及其信号和主要控制通路连接线，还可以包括其他信息，如波形、公式和算法，但一般并不包括实体信息（如位置、实体项目和端子代号）和组装信息。

主要使用二进制逻辑元件符号的功能图，称为逻辑功能图。用于分析和计算电路特性或状态表示等效电路的功能图，也可称为等效电路图。等效电路图是为描述和分析系统详细的物理特性而专门绘制的一种特殊的功能图。它常常比描述系统总特性或描述实际实现所需内容更为详细。等效电路图不属于电路图，不是电路图的一种。

（2）功能图的用途

功能图应表示系统、分系统、成套装置、部件、设备、软件等功能特性的细节，但不考虑功能是如何实现的。功能图可用于系统或分系统的设计，或者用以说明其工作原理，例如用作教学或训练。

功能图可以用来描述任何一种系统或分系统，且经常用于反馈控制系统、继电器逻辑系统、二进制逻辑系统。

2. 逻辑功能图绘制的基本原则和方法

按照规定，对实现一定目的的每种组件或由几个组件组成的组合件可绘制一份逻辑功能图（可以包括几张）。因此，每份逻辑功能图表示每种组件或几个组件组成的组合件所形成的功能件的逻辑功能，而不涉及实现方法。

图的布局应有助于对逻辑功能图的理解。应使信息的基本流向为从左到右或从上到下。在信息流向不明显的地方，可在载有信息的线上加一箭头（开口箭头）标记。

功能上相关的图形符号应组合在一起，并应尽量靠近。当一个信号输出给多个单元时，可绘成单根直线，通过适当标记以 T 形连接到各个单元。每个逻辑单元一般以最能描述该单元在系统中实际执行的逻辑功能的符号来表示。如图 3.3 所示，"GRES"（总复位）信号输给两个单元，采用了 T 形连接的形式。

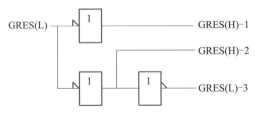

图 3.3 输入线的 T 形连接

在逻辑功能图上，各单元之间的连线以及单元的输入、输出线，通常应标出信号名，以有助于对图的理解和对逻辑系统的维护使用。

信号名应具有一定意义而且含义明确，信号名的长度应限制在允许范围之内。不同的信号线不论其功能多么相似，都不应使用同一名称。信号名应尽量采用助记符和标准编写字母。

3.1.3 电路图

1. 电路图的基本特点、主要用途、分类和内容

（1）电路图的基本特点

用图形符号并按工作顺序排列，详细表示系统、分系统、电路、设备或成套装置的全部基本组成和连接关系，而不考虑其组成项目的实体尺寸、形状或实际位置的一种简图，称为电路图。

（2）电路图的主要用途

电路图具有如下主要用途。

① 详细理解电路、设备或成套装置及其组成部分的工作原理。

② 了解电路所起的作用（可能还需要如表图、表格、程序文件、其他简图等补充资料）。

③ 作为编制接线图的依据（可能还需要结构设计资料）。

④ 为测试和寻找故障提供信息（可能还需要诸如手册、接线文件等补充文件）。

⑤ 为系统、分系统、电器、部件、设备、软件等安装和维修提供依据。

（3）电路图的分类

按所描述的对象和表示的工作原理，电路图可分为以下几种。

① 反映由电子器件组成的设备或装置的工作原理的电子电路图，又可分为电力电子电路图和无触点电子电路图。

② 反映二次设备、装置和系统（如继电保护、电气测量、信号、自动控制等）工作原

理的图，俗称为"二次接线图"。

③ 对电动机及其他用电设备的供电和运行方式进行控制的电气原理图，俗称为电气控制接线图（这类图实质也是二次接线图，但又不限于一般的二次接线，往往还将被控制设备的供电一次接线画在一起，因此可以说电气控制接线图是一次、二次合并的综合性简图）。

④ 表示电信交换和电信布置的电路图。

⑤ 表示出某功能单元所有的外接端子和内部功能的电路图，称为端子功能图。端子功能图可以提高清晰度、节省地方和缩小图纸幅面。

⑥ 指导照明，动力工程施工、维护和管理的建筑电气照明动力工程图，也是电路图的一种。它可归类为布置图。

（4）电路图的内容

电路图宜包括下列主要内容。

① 表示电路元件或功能部件的图形符号。

② 表示符号之间的连接关系。

③ 表示项目代号。

④ 表示端子标记和特定导线标记。

⑤ 表示用于逻辑信号的电平约定。

⑥ 表示为追踪路径或电路的信息（信号代号和位置检索标记等）。

⑦ 表示为理解功能部件的辅助信息。

控制系统电路图还应给出相应的一次回路。一次回路可采用单线表示法。在某些情况下，如表示测量互感器的连接关系时，也可采用多线表示法。

电路图中二次回路宜用细实线表示，一次回路可用粗实线表示。

2. 电路图绘制的基本原则和方法

（1）电路图绘制的基本原则

① 电路图中的符号和电路宜按功能关系布局。电路垂直布置时，类似项目宜横向对齐；水平布置时，类似项目宜纵向对齐。功能上相关的项目应靠近绘制，同等重要的并联通路应依主电路对称地布置，如图 3.4 所示。

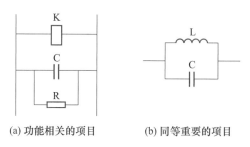

(a) 功能相关的项目　　　(b) 同等重要的项目

图 3.4　电路项目布局示例

② 信号流的主要方向应由左至右或由上至下。如果不能明确表示某个信号流动方向时，可在连接线上加箭头表示。

③ 电路图中回路的连接点可用实心小圆点表示，也可不用实心小圆点表示。但在同一张图样中宜采用一种表示形式。

④ 图中由多个元器件组成的功能单元或功能组件，必要时可用点画线框出。

⑤ 图中不属于该图共用高层代号范围内的设备，可用点画线或双点画线框出，并加以说明。

⑥ 图中设备的未使用部分，可绘出或注明。

（2）电路图绘制中电源的表示方法

① 用线条表示电源，同时在电源线上用符号标明电源线的性质（+、–、M、L1、L2、L3、N），如图 3.5（a）、（b）、（c）所示。电源线可绘制在电路的上、下方或左、右两侧，也可绘制在电路的一侧。

② 用电源符号和电源电压值表示电源，如图 3.5（f）所示。

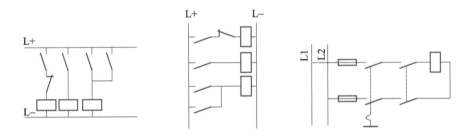

(a) 电源线绘制在电路的上、下方 (b) 电源线绘制在电路的左、右方 (c) 电源线绘制在电路的一侧

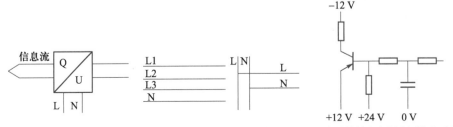

(d) 连接到方框的电源线绘制   (e) 用线条和符号表示的电源 (f) 用电源符号和电源电压值表示电源

图 3.5　电源的表示方法示例

（3）电路图中位置的表示方法

电路图中位置的表示方法一般有以下三种。

① 图幅分区法。图幅分区法是用行、列或行列组合标记表明图上的位置。在采用图幅分区法的电路图中，对水平布置的电路，一般只需标明"行"的标记；对垂直布置的电路，一般只需标明"列"的标记；复杂的电路图才需标明组合标记。图幅分区法表示图上位置示例如图 3.6 所示。

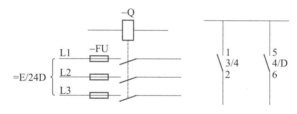

图 3.6 图幅分区法表示图上位置示例

② 电路编号法。电路编号法是对电路或分支电路可用数字编号来表示其位置，数字编号时应按自左至右或自上至下的顺序。例如，图 3.7 有 4 个支路，在各支路的下方按顺序标有电路编号 1、2、3、4。图中下方的表格用来表示各继电器触点的位置，表格中上部第一栏用图形符号表示触点，表格中的"—"表示未使用的触点，数字表示该触点在该数字编号的支路，如继电器 K1 的动合触点一栏内，标为"2"，则表示该触点在第 2 支路内。各触点位置也可用表 3.1 表示。

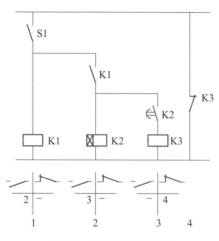

图 3.7 电路编号法示例

表 3.1 触点位置的表示

名　　称	代　　号	触点所在支路	
		动合触点	动断触点
继电器	K1	2	—
继电器	K2（有延时功能）	3	—
继电器	K3	—	4

③ 表格法。表格法就是在图的边缘部分绘制一个以项目代号分类的表格，表格中的项目代号和图中相应的图形符号在垂直或水平方向对齐，图形符号旁仍需标注项目代号。如图 3.8 所示，表格中的各项目与图上各项目（C、R、V）一一对应。表中的项目便能较方便地从图上找到。

（4）电路图绘制中触点的表示方法

继电器和接触器的触点符号的动作取向应是一致的。

对非电或非人工操作的触点，必须在其触点附近表明运行方式。

（5）电路图绘制中相似项目的表示方法

电路图中相似项目的排列，当垂直绘制时，类似元件宜水平对齐；水平绘制时，类似元件宜垂直对齐。

电路图中的相似元件或电路可采用下列简化画法。

① 两个及两个以上分支电路，可表示成一个分支电路加复接符号，如图 3.9 所示。

电容器	C1	C2	C3
电阻器	R1	R2	R3R4
半导体管	V1		

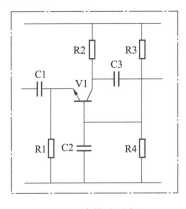

图 3.8　表格法示例

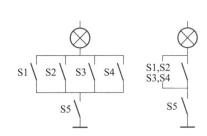

图 3.9　相似分支简化法

② 两个及两个以上完全相同的电路，可只详细表示一个电路，其他电路用围框加说明表示，如图 3.10 所示。如果电路的图形符号相同，但技术参数不同时，可另列表说明其不同内容。

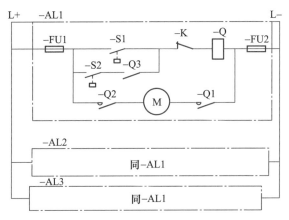

图 3.10　相同电路简化法

3.2　接线图和接线表

3.2.1　接线图和接线表的特点、分类和表示方法

1. 接线图和接线表的特点

接线图是表示成套装置、设备或装置连接关系的一种简图，接线表用表格的形式表示这种连接关系。接线图和接线表可以单独使用，也可以组合使用，一般以接线图为主，接线表给予补充。

接线图和接线表主要用于安装接线、线路检查、线路维修和故障处理。

2. 接线图和接线表的分类

接线图和接线表根据所表达内容的特点可分为单元接线图和单元接线表、互连接线图和互连接线表、端子接线图和端子接线表、电缆图和电缆表。

3. 接线图和接线表的表示方法

（1）项目的表示方法

接线图中的各个项目（如元件、器件、部件、组件、成套设备等）宜采用简化外形（如正方形、矩形或圆）表示，必要时也可用图形符号表示。图形符号旁要标注项目代号并应与电路图中的标注一致。项目的有关机械特征仅在需要时才画出。

（2）端子的表示方法

设备的引出端子应表示清晰。端子一般用图形符号和端子代号表示。当用简化外形表示端子所在的项目时，可不画端子符号，仅用端子代号表示。如需区分允许拆卸和不允许拆卸的连接时，则必须在图或表中予以注明。

（3）导线的表示方法

导线在单元接线图和互连接线图中的表示方法有如下两种。

① 连续线。两端子之间的连接导线用连续的线条表示，并标注独立标记，如图 3.11（a）所示。

② 中断线。两端子之间导线的连接导线用中断的方式表示，在中断处必须标明导线的去向，如图 3.11（b）所示。

导线组、电缆、缆形线束等可多线条表示，也可用单线条表示。若用单线条表示，线条应加粗，在不致引起误解的情况下也可部分加粗。当一个单元或成套设备包括几个导线组、电缆、缆形线束时，它们之间的区分标记可采用数字或文字。图 3.11（c）中的两导线组全部加粗，用 A 和 B 区分，图 3.11（d）中两导线组部分加粗，用数字 107 和 109 表示。

接线图中的导线一般应给以标记，必要时也可用色标作为其补充或代替导线标记。如图 3.11（c）中的导线组 B 含有黑色线（BK）1 根，红色线（RD）2 根，蓝色线（BU）1 根。

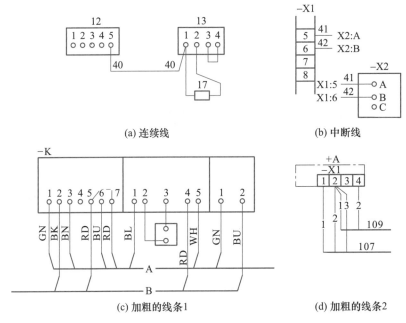

图 3.11   导线的表示方法

（4）矩阵形式

矩阵形式是一种特殊的接线图布局形式，如果在小幅面内表示出大量的连接，例如装有印制电路板的机柜或部件的连接，可采用矩阵布局的形式。

3.2.2   单元接线图和单元接线表

单元接线图和单元接线表应提供一个结构单元或单元组内部连接所需的全部信息。单元之间外部连接的信息无须包括在内，但可提供相应互连接线图和互连接线表的检索标记。

1. 单元接线图

① 单元接线图的布局应采用位置布局法，但无须按比例。

② 单元接线图中元件符号的排列，应选择能最清晰地表示出各个元件的端子和连接的视图。元件应采用简单的轮廓如正方形、矩形或圆形表示，或用简化图形表示。

③ 当一个视图不能清楚地表示出多面布线时，可用多个视图。

④ 元件叠成几层时，为了便于识图，在图中可用翻转、旋转或移开的方法表示出这些元件，并加注说明。

⑤ 当项目具有多层端子时，可错动或延伸绘出被遮盖部分的视图，并加注说明各层接线关系。

2. 单元接线表

单元接线表一般包括线缆号，导线的型号、规格、长度，连接点号，所属项目的代号和其他说明等内容。

单元接线表可以代替接线图，但一般只是作为接线图的补充和表格化的归纳。

3. 单元接线图示例

图3.12为采用连续线表示的单元接线图示例。

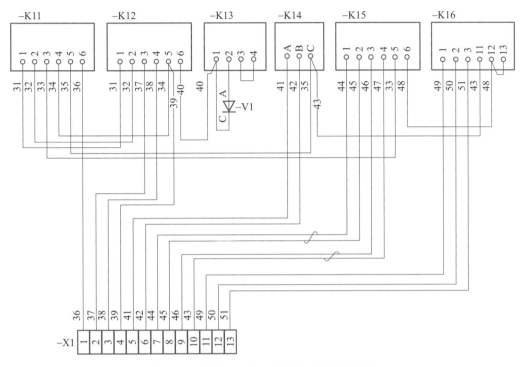

图3.12　采用连续线表示的单元接线图示例

3.2.3　互连接线图和互连接线表

互连接线图和互连接线表应提供设备或装置不同结构单元之间连接所需的信息。无须包括单元内部连接的信息，但可提供适当的检索标记，如与之有关的电路图或单元接线图的图号。

1. 互连接线图

互连接线图的各个视图应画在一个平面上，以表示单元之间的连接关系，各单元的围框用点画线表示。各单元间的连接关系既可用连续线表示，也可用中断线表示，如图3.13所示。

2. 互连接线表

互连接线表应包括线缆号、线号、线缆的型号和规格、连接点号、项目代号、端子号及其说明等。表3.2是一个互连接线表的示例。

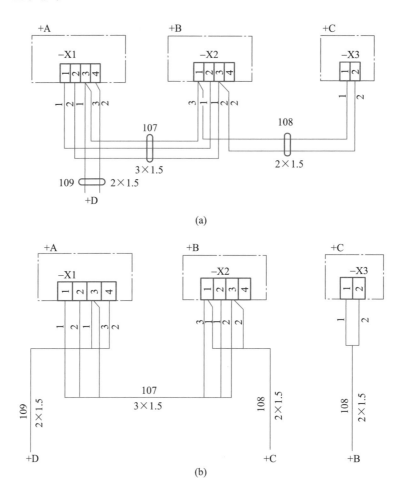

图 3.13   互连接线图示例

表 3.2   互连接线表

线缆号	线缆号	线缆型号规格	连接点 I			连接点 II			附　注
			项目代号	端子号	备　注	项目代号	端子号	备　注	
107	1		+A–X1	1		+B–X2	2		
	2		+A–X1	2		+B–X2	3	108.2	
	3		+A–X1	3	109.1	+B–X2	1	108.2	
108	1		+B–X2	1	107.3	+C–X3	1		
	2		+B–X2	3	107.2	+C–X3	2		
109	1		+A–X1	3	107.3	+D			
	2		+A–X1	4		+D			

3.2.4 端子接线图和端子接线表

端子接线图和端子接线表表示单元和设备的端子及其与外部导线的连接关系，通常不包括单元或设备的内部连接，但可提供与之有关的图纸图号。

1. 端子接线图

绘制端子接线图应遵守下列规定：

① 端子接线图的视图应与端子排接线面板的视图一致，各端子宜按其相对位置表示。

② 端子排的一侧标明至外部设备的远端标记或回路编号，另一侧标明至单元内部连线的远端标记。

③ 端子的引出线宜标出线缆号、线号和线缆的去向。

2. 端子接线表

端子接线表一般包括线缆号、线号、端子代号等内容。在端子接线表内，电缆应按单元（例如柜和屏）集中填写。

3. 端子接线网格表

端子接线表可采用网格形式，端子接线网格表一般包括项目代号、线缆号、线号、缆芯数、端子号及其说明等内容。连接点信息在表中按网格布置，每个结构单元的端子代号按水平方向顺序排列，与端子连接的电缆代号、芯线数及具体连接关系，和连接线的远端标记依次垂直列出。每个芯线的代号与其连接的端子号垂直对正排列。备用芯线标在同一行的最后一栏。有远端标记的端子接线网格表的一般格式见表 3.3。

表 3.3　有远端标记的端子接线网格表

端子排 −X1			1	2	3	4	5	6	7	8	9	10	11	12	13	14	15	16 备用	17	18	19	20 备用	21	22	N	PE	MM	不连接
远端标记	电缆号	芯线号																										
+B4	−W136	6											1						2	3	4	5				PE		
+B5	−W137	7												1	2	3	4	5								PE		6

端子接线表	+A4
+A4 单元	

3.2.5 电缆配置图和电缆配置表

电缆配置图和电缆配置表应提供设备或装置的结构单元之间敷设电缆所需的全部信息，

一般只示出电缆的种类，也可表示线缆的路径情况。它是计划敷设电缆工程的基本依据。单缆组可用单线法表示，并加注电缆项目代号。它用于电缆安装时给出安装用的其他有关资料。导线的详细资料由端子接线图提供。

1. 电缆配置图

电缆配置图只表示电缆的配置情况，而不表示电缆两端的连接情况，因此电缆配置图比互连接线图简单，或者说，电缆配置图与端子接线图两者的综合就是互连接线图。图 3.14 是电缆配置图的一个例子，图 3.14（a）各单元用实线框表示，且只表示出了各单元之间所配置的电缆，并未示出电缆和各单元连接的详细情况。有时，这种电缆配置图还可以采用更简单的单线法绘制，只在线缆符号上标注线缆号，如图 3.14（b）所示。

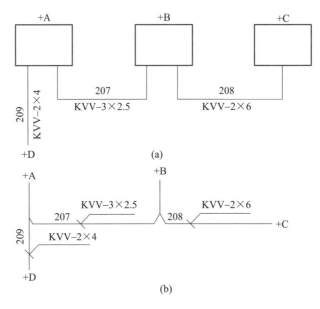

图 3.14　电缆配置图

2. 电缆配置表

电缆配置表应包括电缆号、电缆型号规格、连接点的项目代号和其他说明等。表 3.4 是电缆配置表示例，它所表达的是图 3.14 完全相同的装置。

表 3.4　电缆配置表示例

电 缆 号	电缆型号	连 接 点		附 注
207	KVV–3×2.5	+A	+B	
208	KVV–2×6	+B	+C	如图 3.14 所示
209	KVV–2×4	+A	+D	

3.3 控制系统功能表图的绘制

3.3.1 控制系统功能表图简述

控制系统功能表图是用于控制系统的作用和状态的一种表图。

1. 功能表图的作用

功能表图是用规定的图形符号和文字叙述相结合的表达方法，全面、详细描述控制系统（电气控制系统或非电控制系统，如气动、液压和机械的）子系统或系统的某些部分（装置和设备）等的控制过程、应用功能和特性，但不包括功能实现方式的电气图。功能表图可供进一步设计和不同专业人员之间的技术交流使用。

2. 功能表图的分类及组成

通常，一个控制系统可以分为两个相互依赖的部分，即被控系统和施控系统。其中，被控系统为包括执行实际过程的操作设备；施控系统为接收来自操作者、过程等的信息并给被控系统发出命令的设备。

功能表图可分为被控系统功能表图、施控系统功能表图及整个控制系统功能表图三类。

被控系统功能表图的输入由施控系统的输出命令和输入过程流程的（变化的）参数组成。输出包括送至施控系统的反馈信息和在过程流程中执行的使之具有其他（理想的）特性的动作。被控系统功能表图描述了操作设备的功能，说明它接收什么命令，产生什么信息和动作。它由过程设计者绘制，可用做操作设备详细设计的基础，还可用于绘制施控系统功能表图。

施控系统功能表图的输入由来自操作者和可能存在的前级施控系统的命令加上被控系统的反馈信息组成。输出包括送往操作者和前级施控系统的反馈信号和对被控系统发出的命令。施控系统功能表图描述了控制设备的功能，表明它将得到什么信息，发出什么命令和其他信息。施控系统功能表图可由设计者根据其对过程的了解来绘制（例如根据对上述被控系统功能表图），并用作详细设计控制设备的基础。在大部分情况下，施控系统功能表图最常用，尤其对独立系统更为有用。

整个控制系统功能表图的输入由来自前级施控系统和操作者的命令以及（变化的）输入过程流程的参数组成。输出则包括送至前级施控系统及操作者的反馈信息以及由过程流程所执行的动作。这个功能表图不给出被控系统和施控系统之间相互作用的内部细节，而是把控制系统作为一个整体来描述。

3.3.2 功能表图的一般规定和表示方法

功能表图主要采用"步""命令"（或"动作"）"转换""有向连线"等一组特定的图形符号和必要的文字说明来表示，图的构成十分简单。常见的图形符号见表 3.5。

表 3.5 功能表图常用基本图形符号

序号	名称	图 形 符 号	说 明
1	步	（方框内 *）	步，一般符号，"*"表示步的编号 注：①矩形的长宽比是任意的，推荐采用正方形；②为了便于识别，步必须加标注，如用字母数字。一般符号上部中央的星号在具体步中应用规定的标号代替
		（方框内 2）	例：步 2
		（方框内 3·）	例：步 3，表明它是活动的
2	初始步	（双框内 *）	初始步，"*"表示步的编号
		（双框内 1）	例：初始步 1
3	命令或动作	（方框 * —命令或动作）	与步相连的公共命令或动作，一般符号 注：矩形中的文字语句或符号语句规定了当相应的步是活动的时，由施控系统发出的命令或由被控系统执行的动作
4	转换	连线 步到转换 —— * 连线 转换到步	带有有向连线及相关转换条件的转换符号 注：星号"*"必须用相关转换条件说明代替，例如用文字、布尔表达式或用图形符号

序号	名称	图形符号	说　　明
5	有向连线		有向连线，从上往下进展 有向连线，从下向上进展（应加箭头） 有向连线，从左往右进展 有向连线，从右往左进展（应加箭头）

在绘制功能表图时，应避免在表图中出现以下两种结构：

① 不安全结构，在此结构中，出现由并行序列开始而由选择序列结束的情况，已处于活动状态的步再次被激活。

② 不可达结构，在此结构中，出现由选择序列开始而由并行序列结束的情况，因而可能使某个转换永远处于非使能。

3.3.3　功能表图示例

图 3.15 为高压绕线转子感应电动机操作过程的一般性描述。

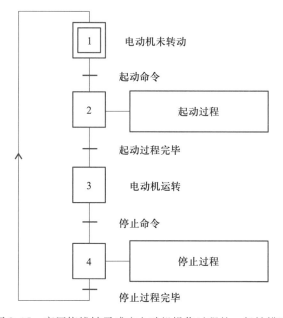

图 3.15　高压绕线转子感应电动机操作过程的一般性描述

图 3.16 为高压绕线转子感应电动机起动过程的详细表示。

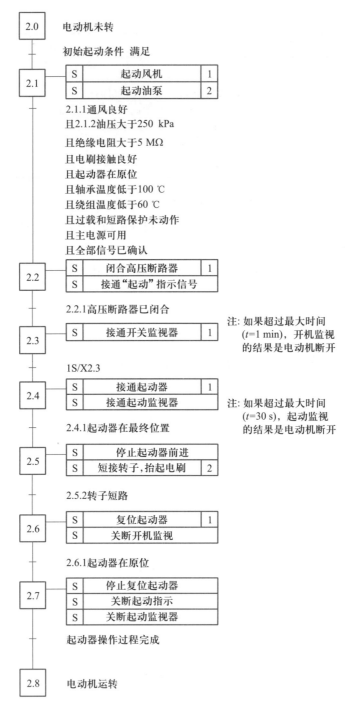

图 3.16 高压绕线转子感应电动机起动过程的详细表示

3.4 电气位置图

3.4.1 电气位置图的表示方法和种类

1. 电气位置图的表示方法

大多数电气位置图是在建筑平面图基础上绘制的，这种建筑平面图成为基本图。位置图是在一定范围内表示电气设备位置的图，因此电气位置图的绘制必须是在有关部门提供的地形地貌图、总平面图、建筑平面图、设备外形尺寸图等原始基础资料图上设计和绘制的。这些表达原始基础资料信息的图，通常称为基本图。

（1）基本图的特点

① 基本图一般由非电气技术人员（如建筑师、土木工程师）提供，虽然比专业建筑图简单，但必须符合技术制图和建筑制图的一般规则。

② 基本图是为电气位置图服务的，它必须根据电气专业的要求，提供尽可能多的与电气安装专业相关的信息，如非电设施（通风、给排水设备）、建筑结构件（梁、柱、墙、门、窗等）、用具、装饰件等项目信息。

③ 为了突出电气布置，基本图尽可能应用一些改善对比度的方法，如对于基本细节，采用浅墨色或其他不同的颜色。

（2）位置图的布局

位置图的布局应清晰，以便于理解图中所包含的信息。

对于非电物件的信息，只有对理解电气图和电气设施安装十分重要时，才将它们表示出来。但为了使图面清晰，非电物件和电气物件应有明显区别。

应选择适当的比例尺和表示法，以避免图面过于拥挤。书写的文字信息应置于与其他信息不相冲突的地方，例如在主标题栏的上方。

如果有的信息在其他图上，也应在图中注出。

（3）电气元件的表示方法

电气元件通常用表示其主要轮廓的简化形状或图形符号来表示。

安装方法和方向、位置等应在位置图中表明。如果元件中有的项目要求不同的安装方法或方向、位置，则可以在邻近图形符号处用字母特别标明，如有必要，可以定义其他字母。字母可以组合使用，并且应在图的适当位置或相关文件中加以说明。

在较复杂的情况下，需要绘制单独的概念图解（小图）。

对于大多数电气位置图，如果没有标准化的图形符号，或者符号不适用，则可用其简化外形表示。

（4）连接线、路由的表示方法

连接线一般采用单线表示法绘制。只有当需要表明复杂连接的细节时才采用多线表示法。

连接线应明显区别于表示地貌或结构和建筑内容用线。例如可采用不同的线宽、不同墨色，以区别基本图上的图线，也可以采用画剖面线或阴影线的方法。

当平行线太多可能使图过于拥挤时，应采用简化方法，例如画成线束，或采用中断连接线。

（5）检索代号的应用

如果需要应用项目代号系统（主要对复杂设施而言），应在图中或简图中的每个图形符号旁标注检索代号。

（6）技术数据的表示方法

各个元件的技术数据（额定值）通常应在元件明细表中列出，但有的时候，为了清晰或者为了与其他多数项目相区别，也可把特征值标注在图形符号或项目代号旁，如图 3.17 所示。

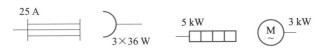

图 3.17　技术数据的标注示例

2. 电气位置图的种类

电气位置图是描述电气设备位置布局的一种图。它主要提供电气设备安装、接线、零部件加工制造等所需的设备位置、距离、尺寸、固定方法、线缆路由、接地等安装信息。

电气位置图通常包括三个层次，即室外场地设备位置图、室内场地设备位置图、装置和设备内电气元器件位置图，如图 3.18 所示。

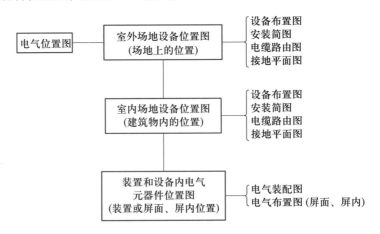

图 3.18　位置图的层次划分及分类

3.4.2 室外场地设备位置图

1. 室外场地布置图

室外场地位置图是在建筑总平面图的基础上绘制出来的，它概要地表示建筑物外部的电气装置（户外照明、街道照明、交通管制项目、TV 监控设备等）的布置，对各类建筑物只用外轮廓线绘制的图形表示，如图 3.19 所示。

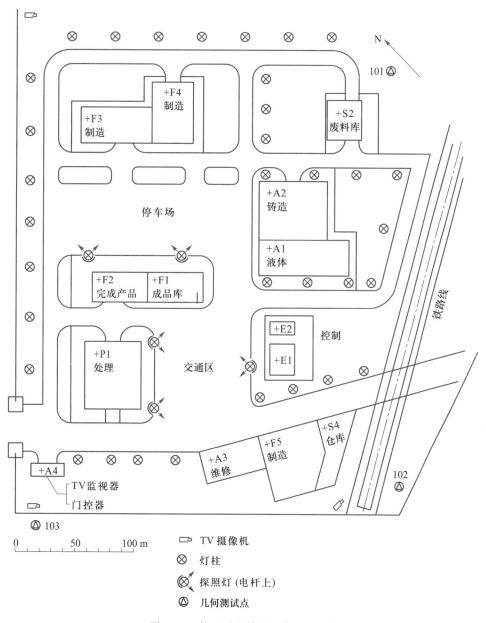

图 3.19 某工厂室外场地布置图示例

2. 室外场地安装简图

室外场地安装简图是补充了电气部件之间连接信息的安装图，如图 3.20 所示。

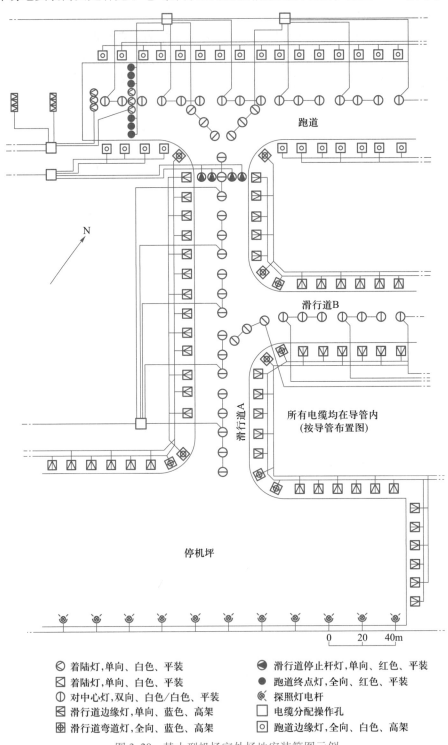

图 3.20 某小型机场室外场地安装简图示例

3. 室外场地电缆路由图

电缆路由图大多数是以总平面图为基础的一种位置图。在该图中示出了电缆沟、槽、导管线槽、固定件等和（或）实际电缆或电缆束的位置，如图 3.21 所示。

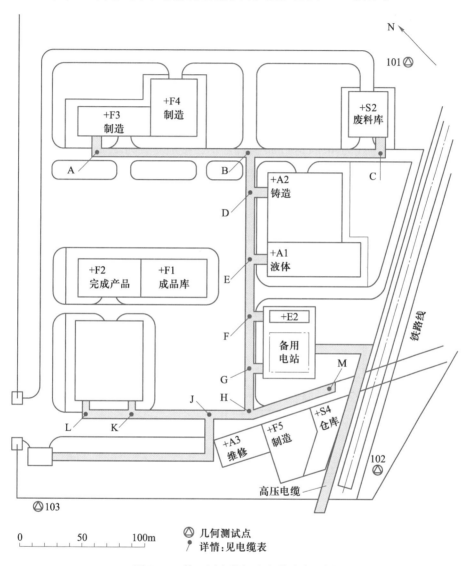

图 3.21 某工厂室外场地电缆路由示例

电缆路由图应限于只表示电缆路径，以及必要时为支持电缆敷设和固定所安装的辅助器材。

如有必要，可在电缆路由图上补充上面提及的各个项目的编号。而且，若未示出尺寸，应把尺寸连同相关零件的编号或电缆表一起补充。

为了准确地说明路径，按每根电缆的计算长度和电缆附件的规定，可给各个基准点以编码。

4. 室外接地平面图

接地平面图（又称接地图、接地简图）可在总平面图的基础上绘制。在接地平面图上应示出接地电极和接地网的位置，同时要示出重要接地元件（如变压器、电动机、断路器等）的脱扣环和接地点。

在接地平面图中还可示出照明保护系统，或者在单独的照明保护图或照明保护简图中示出该系统。如有必要，应示出导体和电极的尺寸和（或）代号、连接方法和埋入或掘进深度。接地简图还应示出接地导体。

图3.22所示为某变电所的接地平面图。从图中可以看出接地体为两组，每组接地体都有三根50 mm×50 mm×5 mm镀锌角钢作为垂直接地体，长度为2.5 m。水平接地体为40 mm×4 mm镀锌扁钢。接地干线为40 mm×4 mm镀锌扁钢，接地支线为25 mm×4 mm镀锌扁钢。接地支线与高低压配电柜的槽钢支架及变压器的轨道相连接组成一个接地网，整个变电所接地系统的接地电阻要求不大于4 Ω。

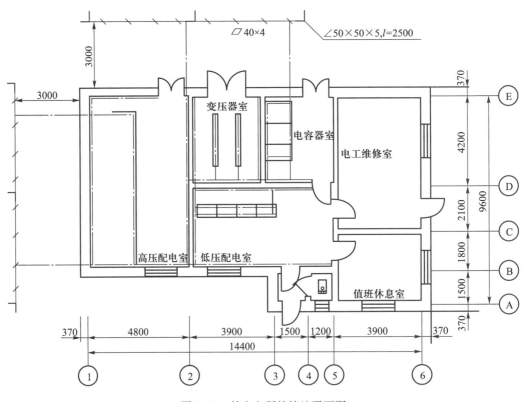

图3.22 某变电所的接地平面图

3.4.3 室内场地设备位置图

1. 室内场地布置图

室内场地布置图的基础是建筑物图。电气设备的元件应采用图形符号或采用简化外形来表示。图形符号应示于元件的大概位置。

布置图不必给出元件之间连接关系的信息，但必须表示出设备之间的实际距离和尺寸等详细信息。有时，还可补充详图或说明，以及有关设备识别的信息和代号。

如果没有室外场地布置图，建筑物外面的设施一般也尽可能示于室内场地布置图中。

图 3.23 是某控制室内场地布置图的例子，它示出了建筑物内一个安装层上的控制屏和辅助机框，并给出了距离和尺寸。

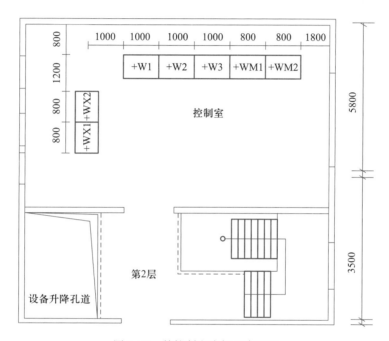

图 3.23 某控制室内场地布置图

图中示出的控制屏有 W1、W2、W3 和 WM1、WM2，辅助机柜有 WX1、WX2。屏柜安装时，通过设备升降机搬运。

图中，对支承结构必需的信息没有示出，可在另外的图中补充。

2. 室内场地安装简图

室内场地安装简图是同时示出元件位置及其连接关系的布置图。

在室内场地安装简图中，必须示出连接线的实际位置、路径、敷设线管等。有时还应示出设备和元件以何种顺序连接的具体情况。

图 3.24 是某 10 kV 变电所室内场地安装简图。图中的两台 10 kV 变压器（TM1、TM2，位于位置代号为+103、+106 的房间）、9 台高压配电柜（位于+101）、10 台低压配电柜（位于+102），以及操作台 AC、模拟显示板 AS（位于+104）的平面布置位置图。

3. 室内场地电缆路由图

室内场地电缆路由图是以建筑物图为基础示出电缆沟、导管、固定件等和实际电缆、电

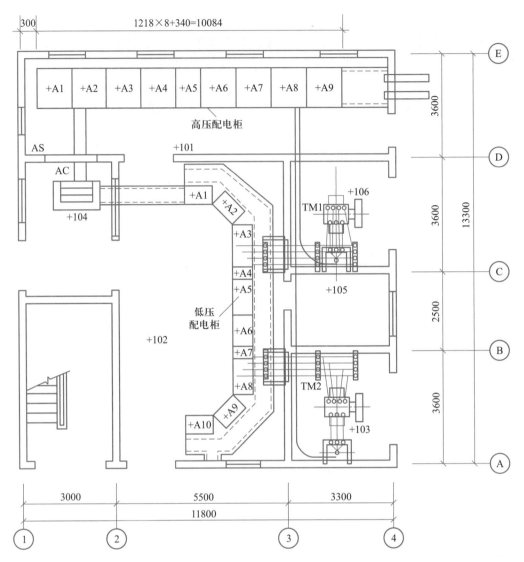

图 3.24　某 10 kV 变电所室内场地安装简图

缆束的位置的图。

对复杂的电缆设施，为了有助于电缆敷设工作，必要时应补充上面提到的项目的代号。如果尺寸未标注，则应把尺寸连同元件表中的代号一起补充。

图 3.25 是某医院一部分的室内场地电缆路由图示例。电缆沟与主要医疗部件的简化外形一起示出，以提供清晰的关系。阴影线的使用使电缆沟更易于与图中的其他部分相区别。

图中，电缆路由是：电缆经电源开关-Q1（高出地面 1.7 m）沿电缆槽分别引至各医疗设备-G1、-G2、-G3 和门柱灯 DP 等。

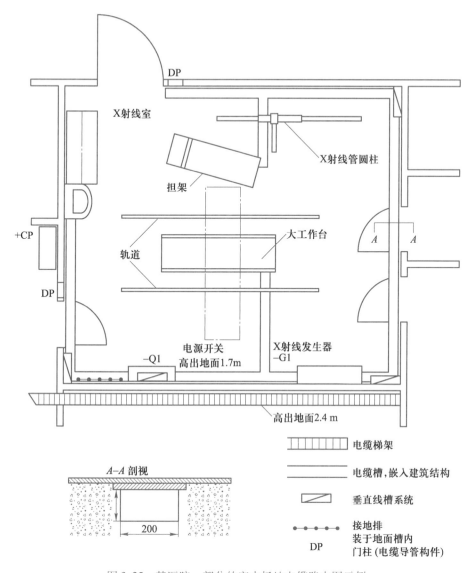

图 3.25　某医院一部分的室内场地电缆路由图示例

4. 室内接地平面图

室内接地平面图与室外接地平面图绘制要求一致。

图 3.26 是建筑物内某控制室的接地简图。图中示出了接地导体沿墙四周铺设的位置和接地导体的型号（16 mm² 绞合铜线）以及与各控制机柜（WC、WX）的连接位置和方法（压接）等连接信息，还表示出了接地线至相邻两层（地下室和第 2 层）的连接位置和连接方式等信息。

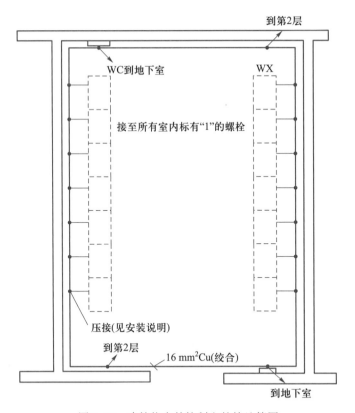

到第2层

WC到地下室

WX

接至所有室内标有"1"的螺栓

压接(见安装说明)

到第2层

16 mm²Cu(绞合)

到地下室

图 3.26 建筑物内某控制室的接地简图

3.4.4 装置和设备内电气元器件位置图

1. 电气装配图

电气装配图是表示电气装置、设备及其组成部分的连接和装配关系的位置图。

电气装配图一般总是按比例绘制,也可按轴侧投影法、透视法或类似的方法绘制。

电气装配图应示出所装电气元器件的形状、电气元器件与其被设定位置之间的关系和电气元器件的识别标记。

如装配工作需要专用工具或材料,应在图上示出,或列出,或加注释。

2. 电气布置图

最常见的电气布置图是各种配电屏、控制屏、继电器屏、电气装置的屏面或屏内设备和元件的布置图。在电气布置图上,通常以简化外形或其他补充图形符号的形式,示出设备上或某项目上一个装置中的项目和元器件的位置,还应包括设备的识别和代号的信息。

常见的屏面布置图一般具有以下特点:

① 屏面布置的项目通常用实线绘制的正方形、长方形、圆形等框形符号或简化外形符号表示。为便于识别,个别项目也可采用一般符号。

② 符号的大小及其间距尽可能按比例绘制，但某些较小的符号允许适当放大绘制。

③ 符号内或符号旁可以标注与电路图中相对应的文字代号，如仪表符号内标注"A""V"等代号，继电器符号内标注"KA""KV"等。

④ 屏面上的各种二次设备，通常是从上至下依次布置指示仪表、继电器、信号灯、光字牌、按钮、控制开关和必要的模拟线路。

图 3.27 是一较典型的二次屏屏面布置图，图中按项目的相对位置布置了各项目。各项目一般采用方框符号，但信号灯、按钮、连接片采用一般符号，项目的大小没有完全按实际尺寸画出，但项目的中心间距则标注了严格的尺寸。

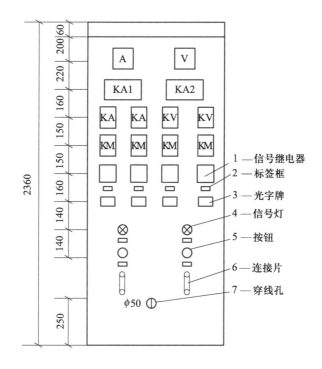

KA—电流继电器   KV—电压继电器   KM—中间继电器

图 3.27　屏面布置图示例（变压器保护屏）

这个图主要表示了以下内容：

① 屏顶上方附加的 60 mm 钢板，用于标写该屏的名称，如"变压器保护屏"。

② 仪表、继电器等框形符号内标注了项目代号，如"A""V""KA1"等，一些项目的框形尺寸较小，采用引出线表示。

③ 光字牌、信号灯、按钮等外形尺寸较小的项目，采用比其他项目较大的比例绘制，但符号必须标注清楚。光字牌内的标字不在图面上表示，而用另外的表格标注，该屏 4 个光字牌的标字见表 3.6。

表 3.6　光字牌上标字示例

符　号	标　字	编　号	备　注
HE1	10 kV 线路接地	1	参考图 E08
HE2	变压器温升过高	2	
HE3	掉牌未复归	3	
HE4	自动重合闸	4	参考图 E112

④ 需要特别指明的信号灯、掉牌信号继电器、操作按钮、转换开关等符号的下方设有标签框，以此向操作、维修人员提示该元件的功能，以免发生误操作或其他错误。由于标签框很小，图上只标注数字，标签框内的标字，另用表格表示。其式样见表 3.7。

表 3.7　标签框内标字式样

符　号	标　字	编　号	备　注
HA	蜂鸣器试验	1	参考图 E04
S1	合主开关	2	参考图 E101
S2	断主开关	3	

习题 3

1. 简述功能图的基本特点和用途。
2. 简述电路图的基本特点和主要用途。
3. 简述电气位置图的表示方法和种类。

第 4 章　AutoCAD 基本绘图概要

AutoCAD 是由美国 Autodesk 公司开发的通用计算机辅助绘图与设计软件包，具有易于掌握、使用方便、体系结构开放等特点，深受广大工程技术人员的欢迎。AutoCAD 自 1982 年问世以来，已经进行了几十次的升级，功能逐渐强大，且日趋完善。如今，AutoCAD 已广泛应用于机械、建筑、电子、航天、造船、石油化工、土木工程、冶金、农业、气象、纺织、轻工业等领域。AutoCAD 已成为工程设计领域中应用最为广泛的计算机辅助设计软件之一。

AutoCAD 软件主要在微机上运行。AutoCAD 2013 及以上版本除在图形处理等方面的功能有所增强外，一个最显著的特征是增加了参数化绘图功能。用户可以对图形对象建立几何约束，以保证图形对象之间有准确的位置关系；还可以建立尺寸约束锁定对象，使其大小保持固定，也可以通过修改尺寸值来改变所约束对象的大小。

特别提示：

1. AutoCAD 版本及功能比较

① 动态块。这是 AutoCAD 2006 新增的功能。动态块具有灵活性和智能性，可以提高绘图效率，用户在操作时可以轻松地更改图形中的动态块参照。

② 注释性功能。这是 AutoCAD 2008 新增的功能。注释性功能使得一切与比例有关的问题变得极为容易处理，如文字、标注、注释性块等。

③ 参数化功能。这是 AutoCAD 2010 新增的功能。通过对对象添加约束、尺寸驱动，使得用户可以在 AutoCAD 中完成更接近"设计"的工作。

④ 增强的表格功能、多行文字编辑功能。几个版本都有新的变化，AutoCAD 2010 的表格中更增加了很多类似于 Excel 的功能。

⑤ 排印成 PDF 文件。这是 AutoCAD 2010 新增的功能。AutoCAD 可以直接输出 PDF 文件，并可保留图层信息等。

⑥ 增强的布局功能。AutoCAD 2010 以上版本中布局中的视口可直接任意旋转，便于视图布置。

2. AutoCAD 软件安装及学习建议

① 操作系统 Windows 7 及以上，建议安装 AutoCAD 2010 及以上版本。

② 操作系统是 64 位的，选择安装 64 位 AutoCAD 2010 及以上版本。

③ 操作系统是 32 位的，选择安装 32 位 AutoCAD 版本。

④ 尽管 AutoCAD 版本不断升级，但基于人机对话的核心操作方式没有根本改变。高版本 AutoCAD 软件功能强大，操作界面复杂，所占用的计算机内存资源多，启动文件速度慢。

4.1　AutoCAD 操作界面

微课：
AutoCAD
操作界面

AutoCAD 2016 的操作界面可以在"草图与注释""三维基础""三维建模"三种工作空间中进行切换，如图 4.1 所示。

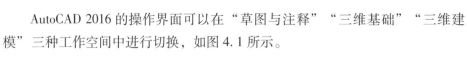

图 4.1　AutoCAD 2016 工作空间示意图

较早版本 AutoCAD 的操作界面可以在"草图与注释""三维基础""三维建模"和"AutoCAD 经典"四种工作空间中进行切换。对于习惯于 AutoCAD 传统界面的用户来说，可以采用"AutoCAD 经典"工作空间，如图 4.2 所示。

图 4.2　较早版本 AutoCAD 工作空间示意图

在 AutoCAD 软件中绘制二维图时，可选择"草图与注释"或"AutoCAD 经典"工作空间，界面组成分别如图 4.3、图 4.4 所示。

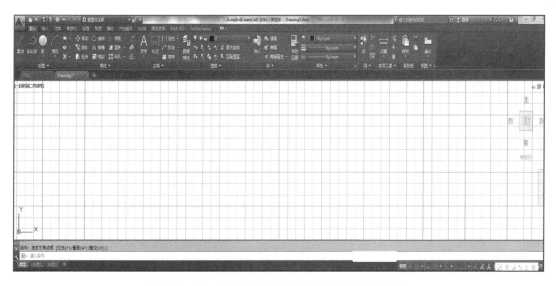

图 4.3　AutoCAD 2016 界面组成（"草图与注释"）

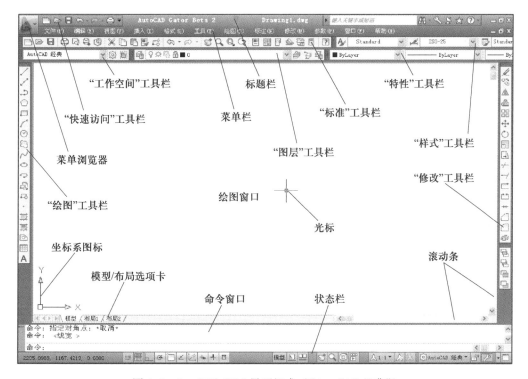

图 4.4　AutoCAD 2013 界面组成（"AutoCAD 经典"）

4.1.1　标题栏

标题栏与其他 Windows 应用程序类似，用于显示 AutoCAD 的程序图标以及当前所操作图形文件的名称。

4.1.2　菜单栏

菜单栏是主菜单，可利用其执行 AutoCAD 的大部分命令，如图 4.5 所示。

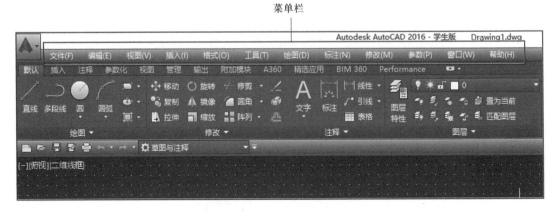

图 4.5　AutoCAD 菜单栏

单击菜单栏中的某一项，会弹出相应的下拉菜单。例如"格式"和"视图"下拉菜单分别如图 4.6、图 4.7 所示。

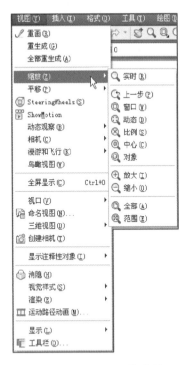

图 4.6　"格式"下拉菜单　　　　　图 4.7　"视图"下拉菜单

下拉菜单中：右侧有小三角的菜单项，表示它还有子菜单，图 4.7 中显示出了"缩放"子菜单；右侧有三个小点的菜单项，表示单击该菜单项后会显示出一个对话框；右侧没有内容的菜单项，单击该菜单项后会执行对应的 AutoCAD 命令。

4.1.3 工具栏

AutoCAD 提供了 40 多个工具栏，每一个工具栏上均有一些形象化的按钮。单击某一按钮，可以启动 AutoCAD 的对应命令。用户可以根据需要打开或关闭任一个工具栏，方法如下：

① 右击已有工具栏，AutoCAD 弹出工具栏快捷菜单，通过其可实现工具栏的打开与关闭。

② 通过选择"工具"→"工具栏"→"AutoCAD"对应的子菜单命令，也可以打开 AutoCAD 的各工具栏。对于初学者，可勾选"绘图"和"修改"这两个工具栏，使其在操作界面上显示，如图 4.8 所示。

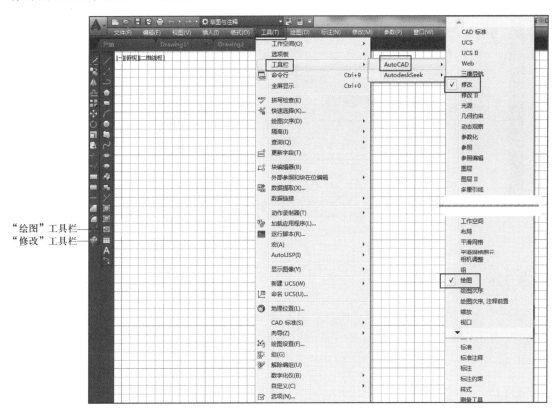

图 4.8　工具栏选项

4.1.4 绘图窗口

绘图窗口就是用户的工作区域，所绘的任何实体都出现在这里。在绘图窗口中移动鼠标，可以看到随之移动的十字光标，这是用来进行绘图定位的。

4.1.5 光标

位于 AutoCAD 绘图窗口中的光标显示为十字形状，所以又称为十字光标。十字线的交点为光标的当前位置，如图 4.9 所示。AutoCAD 的光标用于绘图、选择对象等操作。

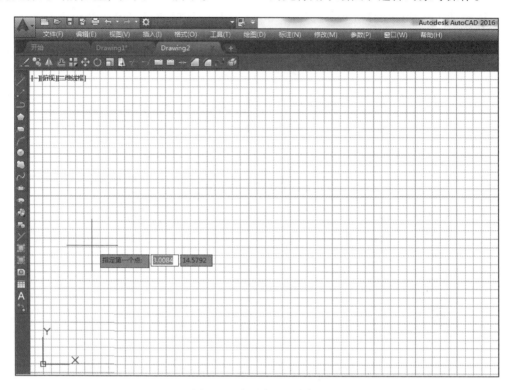

图 4.9 绘图窗口及光标

4.1.6 坐标系图标

坐标系图标通常位于绘图窗口的左下角，表示当前绘图所使用的坐标系的形式以及坐标方向等。AutoCAD 提供世界坐标系（World Coordinate System，WCS）和用户坐标系（User Coordinate System，UCS）两种坐标系。世界坐标系为默认坐标系。

4.1.7 命令窗口

在绘图窗口下面的命令窗口是用户与 AutoCAD 对话的窗口，用户输入的命令和 AutoCAD 的回答都显示在这里，用户应随时注意命令窗口中的提示信息。默认状态下，AutoCAD 在命令窗口中保留最后 3 行所执行的命令或提示信息。上面两行显示以前的命令执行过程记录，最下面一行显示当前信息，没有输入命令时，这里显示"命令："，表示 AutoCAD 正在等待用户输入命令，此时，可选择用键盘输入命令（再按 Enter 键）、单击菜单选项或单击工具栏按钮 3 种方式中的任一种来输入命令。用户可以通过拖动窗口边框的方式改变命令窗口的大小，使其显示多于 3 行或少于 3 行的信息，如图 4.10 所示。

命令窗口

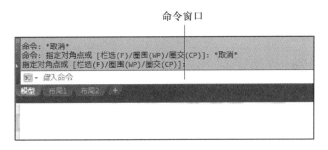

图 4.10　命令窗口

4.1.8　状态栏

状态栏用于显示或设置当前的绘图状态。按钮从左到右分别表示当前是否启用了捕捉模式、栅格显示、正交模式、极轴追踪、对象捕捉、对象捕捉追踪、动态 UCS（单击鼠标左键，可打开或关闭）、动态输入等功能以及是否显示线宽、当前的绘图空间等信息，如图 4.11 所示。

状态栏选项

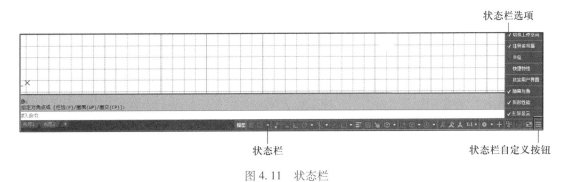

状态栏　　　　　　　　　　　　　　　　　状态栏自定义按钮

图 4.11　状态栏

4.1.9　模型/布局选项卡

模型/布局选项卡用于实现模型空间与图纸空间的切换。通过单击状态栏中的"模型/图纸空间"切换按钮，可实现模型空间和图纸空间之间的切换。

模型空间是用于完成绘图和设计工作的工作空间，用户通过在模型空间建立模型来表达二维或三维形体的造型，图形的绘制和编辑功能都是在模型空间完成的，设计者一般在模型空间完成其主要的设计构思。

图纸空间用来将几何模型表达到工程图上，专门用来出图。在图纸空间中可以创建并放置视口对象，还可以添加标题栏或其他几何图形。在图形中可以创建多个布局以显示不同视图，每个布局可以包含不同的打印比例和图纸尺寸。

模型/布局选项卡位于 AutoCAD 操作界面的左下部，如图 4.12 所示。

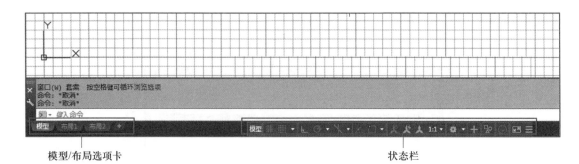

模型/布局选项卡 状态栏

图 4.12 模型/布局选项卡

关于模型/布局的几点说明：

① 默认情况下，绘图开始于模型空间的无限三维绘图区域。首先，要确定一个单位是表示 1 mm、1 dm、1 in 等，还是表示某个最方便的单位。然后，以 1:1 的比例进行绘制。

② 对图形进行打印时，应切换到图纸空间。在这里可以设置带有标题栏和注释的不同布局；在每个布局上，可以创建显示模型空间不同视图的布局视口。

③ 在布局视口中，可以相对于图纸空间缩放模型空间视图。图纸空间中的一个单位表示一张图纸上的实际距离，以 mm 或 in 为单位，具体取决于页面设置中的配置。

④ 模型空间可以从模型选项卡访问，图纸空间可以从布局选项卡访问，如图 4.13 所示。

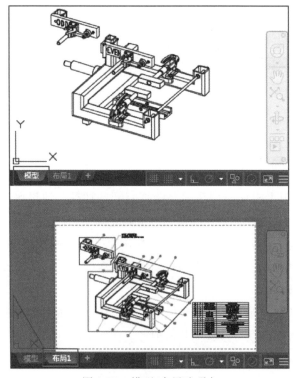

图 4.13 模型/布局选项卡

4.1.10　滚动条

利用水平和垂直滚动条，可以使图纸沿水平或垂直方向移动，即平移绘图窗口中显示的内容。

4.1.11　状态行及状态栏自定义选择

状态行位于 AutoCAD 操作界面底部，如图 4.14 所示。

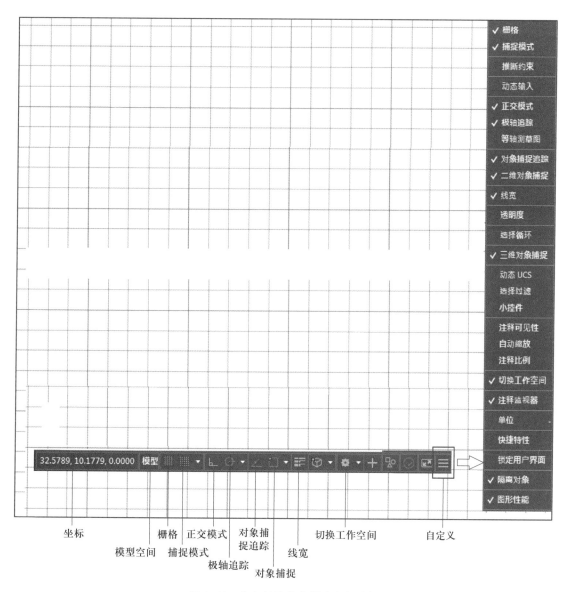

图 4.14　状态行及状态栏自定义选择

状态行的前半部分显示有关绘图的简短信息，在一般情况下会跟踪显示当前光标所在位置的坐标。当光标指向某个菜单选项或工具按钮时，则会显示相应的命令说明和命令名称。

状态行的后半部分是绘图状态控制按钮。单击按钮，可在这些系统设置的"开"和"关"状态之间切换，凹陷状态为"开"，凸起状态为"关"。

几个常用绘图状态控制按钮的功能如下：

（1）"捕捉模式"按钮

打开"捕捉模式"按钮，光标可在坐标为最小步距（栅格间距）整倍数的点间跳动，从而保证所绘实体的间距。

（2）"栅格"按钮

打开"栅格"按钮，绘图区显示出标定位置的栅格点，以便于用户定位对象。栅格间距可在"草图设置"对话框中进行设置。

（3）"正交模式"按钮

打开"正交模式"按钮，在用光标取点时，将会限制光标在水平和垂直方向移动，从而保证在这两个方向执行画线或编辑操作。

（4）"极轴追踪"按钮

打开"极轴追踪"按钮，允许在绘图和编辑对象时，光标旋转特定角度。当在绘图和编辑命令中已经输入一点时，借助极轴追踪可以用光标直接拾取与上一点呈一定距离和一定角度的点，如同用键盘输入相对极坐标一样。

默认状态下，旋转角度是 90° 的整数倍。也可以将角度增量定义为其他值，方法是：把鼠标移到"极轴追踪"按钮处，右击选择"设置"，弹出"草图设置"对话框，可以在"极轴追踪"选项卡中指定旋转角度。

（5）"对象捕捉"按钮

打开"对象捕捉"按钮，根据设置的捕捉方式，每当命令提示输入点时，直接移动光标接近相应实体，会自动捕捉所绘对象上的特定点。

（6）"对象捕捉追踪"按钮

打开"对象捕捉追踪"按钮，系统提供显示图纸中捕捉点的追踪向量。使用对象捕捉追踪功能必须同时打开对象捕捉状态，可以同时从两个对象捕捉点引出极轴追踪辅助虚线，找到它们的交点。

4.2 AutoCAD 命令执行方法

微课：
AutoCAD 命
令执行方法

AutoCAD 的整个绘图与编辑过程都是通过一系列的命令来完成的，这些命令种类繁多、功能复杂，其参数各不相同。AutoCAD 启动成功后即可进入绘图界面，此时在屏幕底部命令行将见到"命令："提示，即表示 AutoCAD 已经处于接受命令状态。另外，系统在执行命令的过程中需要用户以交互方式输入必要的信息，如输入数据、选择实体或选择执行方式等。

AutoCAD 可以通过鼠标、键盘或数字化仪等设备输入命令。命令输入方式可以选择以下几种：

（1）在命令窗口中，通过键盘输入命令

例如：画直线。

> 命令：l（回车）
> LINE 指定第一点：
> 指定下一点或［放弃（U）］：
> 指定下一点或［闭合（C）/放弃（U）］：

在"命令："提示符后输入命令的全称或简称（命令别名），然后按 Enter 键。

（2）通过菜单执行命令

在菜单栏中执行"绘图"→"直线"命令，如图 4.15 所示。

图 4.15　通过菜单执行命令

（3）通过工具栏执行命令

"绘图"工具栏如图 4.16 所示。单击工具栏中的按钮，即可执行相应命令。

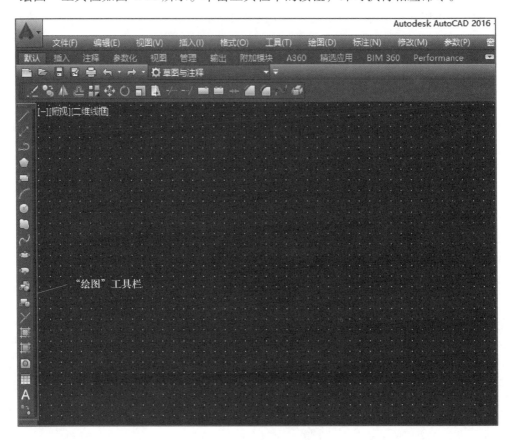

图 4.16   "绘图"工具栏

（4）重复执行命令

用户在绘制图形时，经常需要重复执行命令。方法是：按 Enter 键或空格键，或者右击鼠标，在弹出的快捷菜单中选择。

（5）终止执行命令

方法一：在命令的执行过程中按 Esc 键。

方法二：右击鼠标，从弹出的快捷菜单中选择"取消"命令。

（6）透明命令

AutoCAD 的透明命令是指可以在不中断某一命令执行的情况下插入执行另外一条命令，并可在执行完该透明命令后继续执行原命令。

（7）使用系统变量

在 AutoCAD 中，系统变量用于控制某些功能和设计环境、命令的工作方式，它可以打开或关闭捕捉、栅格或正交等绘图模式，设置默认的填充图案，或存储当前图形和 AutoCAD 配置的有关信息。

　　系统变量通常是 6~10 个字符长的缩写名称。许多系统变量有简单的开关设置。例如，GRIDMODE 系统变量用来显示或关闭栅格，当在命令行的"输入 GRIDMODE 的新值<1>:"提示下输入 0 时，可以关闭栅格显示；输入 1 时，可以打开栅格显示。有些系统变量则用来存储数值或文字，例如 DATE 系统变量用来存储当前日期。

4.3　AutoCAD 坐标输入方法

微课：AutoCAD 坐标输入方法

　　绘图时，经常要通过坐标系确定点的位置。在 AutoCAD 中，坐标系分为世界坐标系（WCS）和用户坐标系（UCS）。要精确地输入坐标，可以使用几种坐标系输入方法，还可以使用一种可移动的坐标系，即用户坐标系，以便于输入坐标和建立工作平面。AutoCAD 采用笛卡尔坐标系（直角坐标系）和极坐标系来确定坐标，如图 4.17 所示。

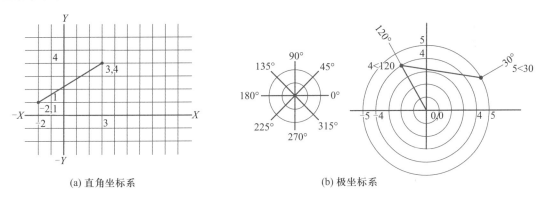

(a) 直角坐标系　　　　　　　　(b) 极坐标系

图 4.17　直角坐标系和极坐标系

　　使用 AutoCAD 绘制图形时，通常需要输入准确的坐标点。输入坐标是确定图形对象位置的重要方法，在 AutoCAD 中，根据所给条件不同，用户可以使用绝对直角坐标、绝对极坐标、相对直角坐标和相对极坐标 4 种方法表示。

　　使用 AutoCAD 绘制图形时，在确定好自己的坐标系以后，一般可以采用以下方法确定点的位置：

　　① 用鼠标在屏幕上取点。

　　② 用对象捕捉方式捕捉一些特征点，如圆心、线段的端点、切点、中点等。

　　③ 通过键盘输入点的坐标。

4.3.1　绝对坐标的输入方式

　　利用键盘输入点的坐标时，用户可以根据绘图需要选择用"绝对坐标"或"相对坐标"的方式进行输入，而且每一种坐标方式又有直角坐标、极坐标、球面坐标和柱坐标之分。

绝对坐标是指点相对于当前坐标系原点的坐标，有如下几种绝对坐标：

（1）直角坐标

直角坐标用点的坐标值 x、y、z 来表示，坐标值之间用逗号分开。如在输入坐标点的提示下输入"40，24，34"，则表示输入一个点，其坐标值 x、y、z 分别为 40、24、34。

注意：绘制二维图形时，点的 z 坐标值为 0，故不需要再输入该坐标值。

（2）极坐标

极坐标用来表示二维点，其表示方法为：距离<角度。其中，角度指坐标离开原点的距离与 X 轴的夹角。在默认情况下，角度按顺时针方向增大而按逆时针方向减小。例如，要指定相对于坐标原点距离为 10，角度为 44° 的点，可输入"10<44"。

（3）球面坐标

球面坐标用于确定三维空间的点，它是极坐标的推广。它用 3 个参数表示一个点，即点与坐标系原点的距离 L、坐标系原点与空间点的连线在 XOY 面上的投影与 X 轴正方向的夹角 α（简称在 XOY 面内与 X 轴的夹角）、坐标系原点与空间点的连线与 XOY 面的夹角 β（简称与 XOY 面的夹角），各参数之间用符号"<"隔开，即"$L<\alpha<\beta$"。例如，150<45<35 表示一个点的球面坐标，各参数的含义如图 4.18 所示。

（4）柱坐标

柱坐标也是通过 3 个参数描述一点，即该点在 XOY 面上的投影与当前坐标系原点的距离 ρ、坐标系原点与该点的连线在 XOY 面上的投影与 X 轴正方向的夹角 α，以及该点的坐标值 z。距离与角度之间要用符号"<"隔开，而角度与坐标值 z 之间要用逗号隔开，即"$\rho<\alpha, z$"。例如，100<45，85 表示一个点的柱坐标，各参数的含义如图 4.19 所示。

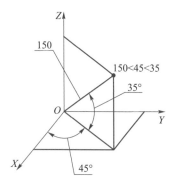

图 4.18　球面坐标示意图

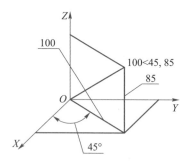

图 4.19　柱坐标示意图

4.3.2　相对坐标的输入方式

相对坐标是指相对于前一个坐标点的坐标，相对坐标也有直角坐标、极坐标、球面坐标和柱坐标等多种形式，其输入格式与绝对坐标类似，但需在坐标前加上"@"符号。例如，"@40，44"，表示相对于前一点 x、y 值分别为 40 和 44 的直角坐标点。

直角坐标系和极坐标系示例如图 4.20、图 4.21 所示。

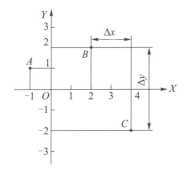

图 4.20　直角坐标系示例

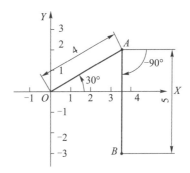

图 4.21　极坐标系示例

在图 4.20 所示直角坐标系中：

① 绝对坐标：A 点的绝对坐标为（-1,1）。

② 相对坐标：C 点相对于 B 点的相对坐标（@2,-4）。

在图 4.21 所示极坐标系中：

① 绝对极坐标：A 点基准为 WCS 原点的绝对极坐标为（4<30）。

② 相对极坐标：B 点相对于 A 点的相对极坐标为（@5<-90）。

4.3.3　动态输入方式

单击状态栏中的 ⊞ 按钮，使其凹陷，会启动动态输入功能。启动动态输入并执行命令后，AutoCAD 会在命令窗口中提示"指定第一点:"，同时还会在光标附近显示出一个提示框（称之为"工具栏提示"），工具栏提示中会显示出对应的 AutoCAD 提示"指定第一点:"和光标的当前坐标值，如图 4.22 所示。

图 4.22　动态输入

此时用户移动光标，工具栏提示也会随着光标移动，显示出的坐标值会动态变化，以反映光标的当前坐标值。在图 4.22 所示状态下，用户可以在工具栏提示中输入点的坐标值，而不必切换到命令行进行输入。

在输入字段中输入坐标值并按下 Tab 键后，该字段将显示一个锁定图标，并且光标会受用户输入的值约束。随后可以在第二个输入字段中输入值。另外，如果用户输入值然后按下 Enter 键，则第二个输入字段将被忽略，且该值将被视为直接距离输入。

如果右击状态栏，AutoCAD 会弹出"草图设置"对话框，如图 4.23 所示。用户可通过该对话框进行相应的设置。

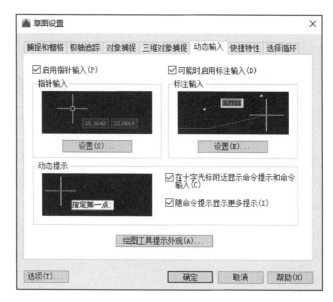

图 4.23　"草图设置"对话框中"动态输入"选项卡设置示意图

4.4　AutoCAD 基本绘图命令

　　在图纸上看起来很复杂的图形，一般都是由几种基本的图形对象（或称为图元）组成的。这些图形对象可以是直线、圆、圆弧、矩形和多边形等。绘制这些图形对象，都有相应的绘图命令。所以，掌握使用 AutoCAD 进行绘图的技术，就是要能够熟练使用这些绘图命令。"绘图"菜单和"绘图"工具栏分别如图 4.24 和图 4.25 所示。

　　AutoCAD 基本绘图命令见表 4.1。

表 4.1　AutoCAD 基本绘图命令一览表

命令名称	操作方法	命令说明
点	（1）"绘图"工具栏：· （2）下拉菜单："绘图"→"点"→"单点/多点" （3）命令窗口：POINT(PO)	该命令用于绘制各类点
直线	（1）"绘图"工具栏：✏ （2）下拉菜单："绘图"→"直线" （3）命令窗口：LINE(L)	该命令用于绘制直线或连续的折线
射线	（1）下拉菜单："绘图"→"射线" （2）命令窗口：RAY	该命令用于绘制一端无限延伸的射线

续表

命令名称	操 作 方 法	命 令 说 明
构造线	(1)"绘图"工具栏：↗ (2)下拉菜单："绘图"→"构造线" (3)命令窗口：XLINE(XL)	该命令用于绘制两端无限延伸的直线
矩形	(1)"绘图"工具栏：▭ (2)下拉菜单："绘图"→"矩形" (3)命令窗口：RECTANG(REC)	该命令用于绘制矩形，通过指定对角点来绘制矩形
正多边形	(1)"绘图"工具栏：⬠ (2)下拉菜单："绘图"→"正多边形" (3)命令窗口：POLYGON(POL)	该命令用于绘制正多边形
圆	(1)"绘图"工具栏：⊙ (2)下拉菜单："绘图"→"圆" (3)命令窗口：CIRCLE(C)	该命令用于绘制圆
圆弧	(1)"绘图"工具栏：╱ (2)下拉菜单："绘图"→"圆弧" (3)命令窗口：ARC(A)	该命令用于绘制圆弧
椭圆	(1)"绘图"工具栏：⬭ (2)下拉菜单："绘图"→"椭圆" (3)命令窗口：ELLIPSE(EL)	该命令用于绘制椭圆
样条曲线	(1)"绘图"工具栏：∿ (2)下拉菜单："绘图"→"样条曲线" (3)命令窗口：SPLINE(SPL)	该命令用于绘制样条曲线
宽线	命令窗口：TRACE	该命令用于绘制具有一定宽度的宽线，操作类似于直线命令
实心区域	命令窗口：SOLID(SO)	该命令用于创建实体填充的三角形和四边形
实心圆/圆环	(1)下拉菜单："绘图"→"圆环" (2)命令窗口：DONUT	该命令用于绘制任意实心圆或圆环
多段线	(1)"绘图"工具栏：↩ (2)下拉菜单："绘图"→"多段线" (3)命令窗口：PLINE(PL)	该命令用于绘制多段线。多段线是指相连的多段直线或弧线组成的一个复合实体，其中每一段线可以是细线、粗线或者变粗线，因此多段线命令能够画出许多其他命令难以表达的图形

续表

命 令 名 称	操 作 方 法	命 令 说 明
边界线	（1）下拉菜单："绘图"→"边界" （2）命令窗口：BOUNDARY（BO）	该命令通过在一个封闭区域内点取一点，自动画出围绕这个封闭区域的轮廓线。封闭区域可以由直线、曲线、圆、多边形等线性实体组合而成
多线	（1）下拉菜单："绘图"→"多线" （2）命令窗口：MLINE（ML）	该命令用于绘制一组平行线，在默认状态下，可以画出双线

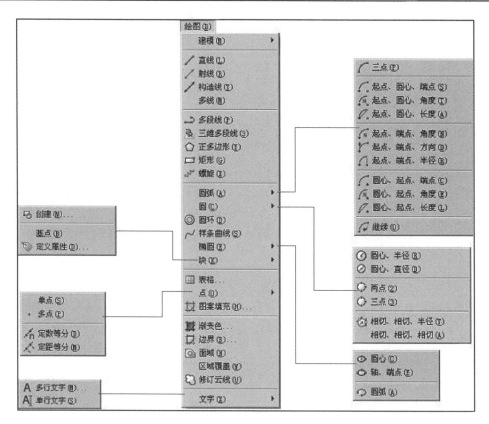

图 4.24 "绘图"菜单

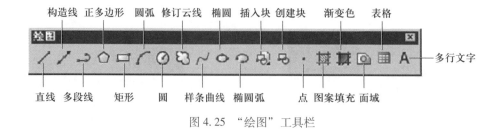

图 4.25 "绘图"工具栏

4.5　AutoCAD 基本编辑命令

　　平面图形的编辑主要是指对图形进行修改、移动、复制以及删除等操作。AutoCAD 提供了丰富的图形编辑功能。"修改"菜单和"修改"及"修改Ⅱ"工具栏分别如图 4.26 和图 4.27 所示。

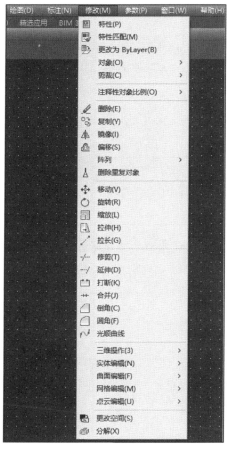

图 4.26　"修改"菜单

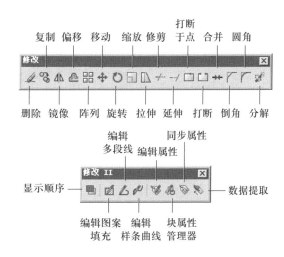

图 4.27　"修改"及"修改Ⅱ"工具栏

AutoCAD 基本编辑命令见表 4.2。

表 4.2　AutoCAD 基本编辑命令一览表

命 令 名 称	操 作 方 法	命 令 说 明
偏移	（1）"修改"工具栏：![图标] （2）下拉菜单："修改"→"偏移" （3）命令窗口：OFFSET（或 O）	该命令用于偏移复制线性实体，得到原有实体的平行实体

续表

命令名称	操作方法	命令说明
复制	(1) "修改" 工具栏： (2) 下拉菜单："修改" → "复制" (3) 命令窗口：COPY（或 CO，CP）	该命令用于复制已有的实体，当图上存在多个相同实体时，可以只画一个再多重复制
镜像	(1) "修改" 工具栏： (2) 下拉菜单："修改" → "镜像" (3) 命令窗口：MIRROR（或 MI）	该命令用于复制原有的实体，当绘制对称图形时，可以只绘制一半再作镜像
阵列	(1) "修改" 工具栏： (2) 下拉菜单："修改" → "阵列" (3) 命令窗口：ARRAY（或 AR）	该命令用于把一个图形复制成为矩形排列或环形排列的一片图形
移动	(1) "修改" 工具栏： (2) 下拉菜单："修改" → "移动" (3) 命令窗口：MOVE（或 M）	该命令用于改变实体在图上的位置
旋转	(1) "修改" 工具栏： (2) 下拉菜单："修改" → "旋转" (3) 命令窗口：ROTATE（或 RO）	该命令用于旋转已有实体
延伸	(1) "修改" 工具栏： (2) 下拉菜单："修改" → "延伸" (3) 命令窗口：EXTEND（或 EX）	该命令用于将线性实体按其方向延长到指定边界
拉长	(1) "修改" 工具栏： (2) 下拉菜单："修改" → "拉长" (3) 命令窗口：LENGTHEN（或 LEN）	该命令用于改变直线或曲线的长度
拉伸	(1) "修改" 工具栏： (2) 下拉菜单："修改" → "拉伸" (3) 命令窗口：STRETCH（或 ST）	该命令用于对实体进行拉伸、压缩或移动
打断	(1) "修改" 工具栏： (2) 下拉菜单："修改" → "打断" (3) 命令窗口：BREAK（或 BR）	该命令用于将一个线性实体断开成为两个
修剪	(1) "修改" 工具栏： (2) 下拉菜单："修改" → "修剪" (3) 命令窗口：TRIM（或 TR）	该命令用于将线性实体按指定边界剪掉多余的部分
缩放	(1) "修改" 工具栏： (2) 下拉菜单："修改" → "缩放" (3) 命令窗口：SCALE（或 SC）	该命令用于按比例缩放实体的几何尺寸

命 令 名 称	操 作 方 法	命 令 说 明
圆角	(1)"修改"工具栏：▱ (2)下拉菜单："修改"→"圆角" (3)命令窗口：FILLET（或 F）	该命令用于把两个线性实体用圆弧平滑连接
倒角	(1)"修改"工具栏：▱ (2)下拉菜单："修改"→"倒角" (3)命令窗口：CHAMFER（或 CHA）	该命令用于把两个不平行的线性实体用切角相连
删除	(1)"修改"工具栏：✐ (2)下拉菜单："修改"→"删除" (3)命令窗口：ERASE（或 E）	该命令用于删除不必要的实体，比如绘制错误的实体或不再需要的辅助线
恢复	命令窗口：OOPS	该命令用于恢复最近一次删除的实体
放弃	(1)"标准"工具栏：↶ (2)下拉菜单："编辑"→"放弃" (3)命令窗口：U	该命令用于取消上一个命令，返回命令执行之前的状态，并会显示被取消的命令名称，对于改正错误操作非常有用
重做	(1)"标准"工具栏：↷ (2)下拉菜单："编辑"→"重做" (3)命令窗口：REDO	该命令用于恢复用 U 或 UNDO 命令取消的操作 重做命令只能恢复一次，而且必须在 U 或 UNDO 命令执行之后马上接着执行
夹点编辑	AutoCAD 还提供了一种自动快速编辑功能，用户无须发出任何命令，直接选择实体，就会看到实体上出现蓝色小方框，标识出实体的特征点（比如直线的端点和中点，多段线的端点和折点），称为夹点。点取某个夹点，就可以自动启动 5 种基本编辑命令。夹点编辑包括拉伸（STRETCH）、移动（MOVE）、旋转（ROTATE）、缩放（SCALE）和镜像（MIRROR）。	

4.6　使　用　图　块

在制图过程中，经常需要使用相同的图形，如果每次总是从头画起，势必花费很多时间和精力，为此 AutoCAD 引入了图块的概念。

图块是一组图形对象的集合，图块中的各图形对象均有各自的图层、颜色、线型等属性，但 AutoCAD 把图块看作一个单独的、完整的对象来操作，可以把它随时插入当前图形中的指定位置，并可以指定不同的比例缩放系数和旋转角度。通过拾取图块中的任何一个对象，就可以对整个图块进行移动、复制、旋转、删除等操作。这些操作与图块的内部结构无关。

4.6.1　图块的使用特点

在 AutoCAD 中，图块的使用主要有以下几种特点。

（1）有利于建立图块库

在绘图过程中遇到重复出现或经常使用的图形（如电气图中的接触器、继电器等），可以把它们定义成块，建立图块库。需要时，将其插入，既避免了大量的重复工作，提高了绘图效率，又做到了资源共享。

（2）有利于节省存储空间

在绘图过程中，如果用复制命令（COPY）将一组对象复制 10 次，则图形文件的数据库中就要保存 10 组同样的数据。如果该组对象被定义为图块，则无论插入多少次，也只保存图块名、插入点坐标、缩放比例系数及旋转角度等，不再保存图块中每个对象的特征参数（如图层、颜色、线型、线宽等），这样可大大节省存储空间，这一优势在绘制复杂图形中特别突出。

（3）有利于图形的修改和重新定义

图块可以分解为一个个独立的对象，可对它们进行修改和重新定义，而所有图形中引用这个块的地方都会自动更新，简化了图形的修改。

4.6.2　定义图块

要定义图块，首先应绘制需定义图块的图形，然后调用创建图块的命令，将图形保存为一个字符名称（块名）。

AutoCAD 提供了两种方式来创建新图块，一种是用对话框创建新图块，另一种是用命令行创建新图块。在创建新图块的过程中，对需要定义的图块进行设置，要定义图块的名称、选择基点、选择要作为图块的实体对象等。

1. 定义内部图块

> "绘图" 工具栏：
> 下拉菜单："绘图" → "块" → "创建"
> 命令窗口：**BLOCK (B)**

该命令所定义的图块，只能在图块所在的当前图形文件中被使用，不能被其他图形文件使用。

2. 定义外部图块

> 命令窗口：**WBLOCK （ W ）**

执行该命令后，将弹出 "写块" 对话框，完成有关设置后可将图块单独以图形文件的形式存盘。这样创建的图块可被其他文件插入和引用。

4.6.3　插入图块

（1）插入单个图块

> "绘图" 工具栏：
> 下拉菜单："插入" → "块"
> 命令窗口：INSERT／DDINSERT

执行该命令后，将弹出一个对话框，选择要插入的图块名称和插入点后，图块即插入图形中。

（2）插入阵列图块

> 命令窗口：MINSERT

该命令相当于将阵列与插入命令相结合，用于将图块以矩形阵列的方式插入。

（3）等分插入图块

> 下拉菜单："绘图"→"点"→"定数等分"
> 命令窗口：DIVIDE

该命令并不仅用于插入图块，它的意义是在指定图形上测出等分点，并以等分点为基点插入点或图块。

（4）等距插入图块

> 下拉菜单："绘图"→"点"→"定距等分"
> 命令窗口：MEASURE（ME）

该命令的应用与 DIVIDE 命令相似，不同的是 DIVIDE 命令是以给定的等分数量来插入点或图块，而 MEASURE 命令是按指定的间距来插入点或图块，直到余下部分不足一个间距为止。

4.7　绘　图　设　置

1. 设置图形界限

设置图形界限类似于手工绘图时选择绘图图纸的大小，但具有更大的灵活性。

> 下拉菜单："格式"→"图形界限"
> 命令窗口：LIMITS

执行 LIMITS 命令，AutoCAD 提示：

指定左下角点或［开（ON）/关（OFF）］<0.0000,0.0000>:（指定图形界限的左下角位置，直接按 Enter 键或 Space 键采用默认值）

指定右上角点:（指定图形界限的右上角位置）

2. 作图单位

> 下拉菜单："格式"→"单位"
> 命令窗口：UNITS/DDUNITS（UN）

UNITS/DDUNITS 命令用于设置长度与角度的单位格式及精度。

3. 作图工具设置

> 下拉菜单："工具" → "草图设置"
> 命令窗口：DSETTINGS（DS、RM、SE）

AutoCAD 提供了一组特别的作图工具，用于作图时用光标精确取点。执行 DSETTINGS 命令后，会出现"草图设置"对话框，该对话框可用来设置捕捉和栅格、极轴追踪和对象捕捉等。

在"工具"下拉菜单中进行作图工具设置如图 4.28 所示。

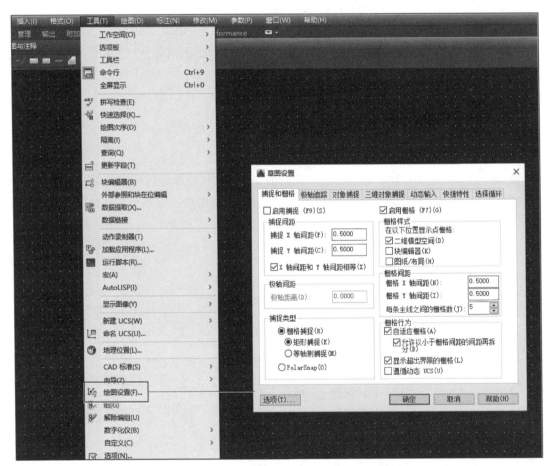

图 4.28 在"工具"下拉菜单中进行作图工具设置

4. 颜色

> 下拉菜单："格式" → "颜色"
> 命令窗口：COLOR（COL）

AutoCAD 允许为不同的实体分配不同的颜色，以便作图时直观观察。将来在打印出图时，还可根据需要选择打成彩色或黑白。为此，需要设置当前作图所用的颜色。

5. 设置线型

> 下拉菜单："格式"→"线型"
> 命令窗口：LINETYPE(LT)

在实际的设计工作中，常常要用不同的线型来表示不同的构件。除了固有的连续实线以外，AutoCAD 还提供了许多特殊线型。

如果想要增加新的线型，在执行 LINETYPE 命令后，会弹出"线型管理器"对话框，选择并加载需要的线型即可。

6. 设置线宽

> 下拉菜单："格式"→"线宽"
> 命令窗口：LWEIGHT(LW)

执行该命令后，会弹出"线宽设置"对话框，可设置线宽。

7. 设置创建图层

> "对象特性"工具栏：
> 下拉菜单："格式"→"图层"
> 命令窗口：LAYER(LA)

图层具有以下特点：

① 用户可以在一幅图中指定任意数量的图层。系统对图层数没有限制，对每一个图层上的对象数也没有任何限制。

② 每一个图层有一个名称，加以区别。当开始绘制一幅新图时，AutoCAD 自动创建名为 0 的图层，这是 AutoCAD 的默认图层，其余图层需用户来自定义。

③ 一般情况下，位于一个图层上的对象应该具有相同的绘图线型和绘图颜色。用户可以改变各图层的线型、颜色等特性。

④ 虽然 AutoCAD 允许用户建立多个图层，但只能在当前图层上绘图。

⑤ 各图层具有相同的坐标系和相同的显示缩放倍数。用户可以对位于不同图层上的对象同时进行编辑操作。

⑥ 用户可以对各图层进行打开、关闭、冻结、解冻、锁定与解锁等操作，以决定各图层的可见性与可操作性。

⑦ AutoCAD 允许把图形内容分门别类画在不同的图层上，借助图层管理功能，可以实现图形实体的分类存放与分别控制。

4.8 文 本 标 注

1. 定义字形

> 下拉菜单："格式"→"文字样式"
> 命令窗口：STYLE/DDSTYLE(ST)

AutoCAD 提供了一种现成的 Standard（标准）字形，可供用户直接注写西文字符。但是我国的设计人员往往需要标注中文说明，因此在正式注写文字前，先要定义好相应的中文字形。

2. 注写单行文字

> 下拉菜单："绘图"→"文字"→"单行文字"
> 命令窗口：DTEXT/TEXT(DT)

单行文字命令适合于在图上注写少量的文字，方便而快捷。

3. 注写多行文字

> "绘图"工具栏：**A**
> 下拉菜单："绘图"→"文字"→"多行文字"
> 命令窗口：MTEXT(T、MT)

多行文字适合于在图上注写大段的文字，功能强大而全面。

4.9 尺 寸 标 注

1. 尺寸标注样式

> "标注"工具栏：
> 下拉菜单："标注"→"样式…"
> 命令窗口：DDIM

不同的工程专业对标注形式有不同的要求，因此对图形进行标注前应首先根据专业要求对标注形式进行设置，包括格式、文字、单位、比例因子、精度等的设置。

2. 长度尺寸标注

> "标注"工具栏：
> 下拉菜单："标注"→"线性"
> 命令窗口：DIMLINEAR(DIMLIN)

长度尺寸标注包括水平尺寸标注、垂直尺寸标注及旋转尺寸标注，这三种尺寸标注的方法大致相同。

3. 平齐尺寸标注

> "标注"工具栏：
>
> 下拉菜单："标注" → "对齐"
>
> 命令窗口：DIMALIGNED

线性型尺寸标注的实际标注长度是尺寸界线间的垂直距离，平齐尺寸标注用来标注斜线的尺寸，标出的尺寸线与所选实体具有相同的倾角。

4. 基线标注

> "标注"工具栏：
>
> 下拉菜单："标注" → "基线"
>
> 命令窗口：DIMBASELINE(DIMBASE)

该命令用于以一条尺寸线为基准标注多条尺寸。

5. 连续标注

> "标注"工具栏：
>
> 下拉菜单："标注" → "连续"
>
> 命令窗口：DIMCONTINUE

该命令用于按某一种基准线进行标注，尺寸线首尾相连，只适用于线性型、角度型、坐标型三种类型的尺寸标注。

6. 径向型标注

> "标注"工具栏：
>
> 下拉菜单："标注" → "半径" → "半径/直径"
>
> 命令窗口：DIMRADIUS(DIMRAD)/DIMDIAMETER(DIMDIA)

该命令用于标注圆或圆弧的半径及直径。

4.10 图形的布局与打印输出

在 AutoCAD 中完成绘图后，常常需要输出图形，其中最重要的是打印输出。在电气 CAD 工程制图中，图纸上通常包括图形和其他的附加信息（如图纸边框、标题栏等），打印的图纸经常包含一个以上的图形，这就需要利用 AutoCAD 提供的图纸空间，根据打印输出的需要布置图纸。AutoCAD 有两种绘图空间：模型空间和图纸空间。

4.10.1　模型空间和图纸空间

模型空间中的"模型"是指 AutoCAD 中用绘制与编辑命令生成的代表现实世界物体的对象；而模型空间是建立模型时所处的 AutoCAD 环境，是用户用于完成绘图和设计工作的工作空间。

图纸空间又称为布局空间，它是一种工具，用于图纸的布局，是完全模拟图纸页面设置、管理视图的 AutoCAD 环境。在图纸空间里用户所要考虑的是图形在整张图纸中如何布局，如图形排列、绘制视图、绘制局部放大图等。例如希望在打印图形时为图形增加一个标题栏、在一幅图中同时打印立体图形的三视图等，这些都需要借助图纸空间。

模型空间虽然只有一个，但是可以为图形创建多个布局图以适应不同的要求。在绘图区域的左下方一般默认有一个模型选项卡和两个布局选项卡（布局 1 和布局 2）。模型空间与图纸空间的切换可以通过绘图区状态栏右下角的"模型/图纸空间"切换按钮来实现，如图 4.29 所示。当按钮显示为"模型"时，单击"模型"按钮可以进入图纸空间，同时该按钮变为"图纸"按钮；当按钮显示为"图纸"时，单击"图纸"按钮可以进入模型空间，同时该按钮变为"模型"按钮。

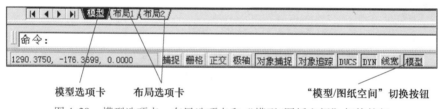

图 4.29　模型选项卡、布局选项卡和"模型/图纸空间"切换按钮

4.10.2　布局空间打印输出

1. 布局

在模型空间中，只能实现单个视图出图，要想多个视图出图，必须使用图纸空间即布局。要想在布局空间打印出图，首先要创建布局，包括进行页面设置、画图框、插入标题栏、创建视口及视口中的图形比例、添加注解等。常见创建布局的方法有以下三种：

方法一：通过布局选项卡创建布局。

方法二：利用"布局向导"创建布局。

方法三：使用"布局样板"创建布局。

2. 视口

所谓视口是指建立在布局上的浮动视口，是从图纸空间观察、修改，在模型空间建立的模型窗口。建立浮动视口，是在布局上组织图形输出的重要手段。浮动视口的特点如下：

① 浮动视口本身是图纸空间的 AutoCAD 实体，可以被编辑（删除、移动等），视口实体在某个图层中创建，必要时可以关闭或冻结此图层，此时并不影响其他视口的显示。

② 图纸空间中，每个浮动视口都显示坐标系坐标。

③ 无论在图纸空间绘制什么，都不会影响在模型空间所设置的图形。在图纸空间绘制的对象只在图纸空间有效，一旦切换到模型空间就没有了。

创建视口的命令如下：

> "视口"工具栏：新建视口
> 下拉菜单："视图"→"视口"→"新建视口…"

4.10.3 打印输出

在图纸空间（布局空间）完成图形布局后，通常要打印到图纸上，也可以生成一份电子图纸，以便从互联网上进行访问。打印的图形可以包含图形的单一视图，或者更为复杂的视图排列。根据不同的需要，可以打印一个或多个视口，或设置选项以决定打印的内容和图像在图纸上的布置。如果想要将图形打印输出到纸上，则只要指定打印设备和介质，并进行打印预览，就可以实现图形打印。

微课：
AutoCAD
基本操作

4.11 AutoCAD 基本操作

在使用 AutoCAD 过程中，通过执行命令、使用鼠标，可以完成各类操作，因此必须掌握命令的正确执行方法和鼠标操作，AutoCAD 基本操作见表 4.3。

表 4.3 AutoCAD 基本操作一览表

操 作 要 点	含 义
鼠标操作	• 通常左键代表选择，右键代表回车 • 指向：把鼠标移动至某一工具图标上，此时系统会自动显示该图标名称 • 单击左键：把光标指向某一对象，按下左键
通常单击左键含义	• 选择目标 • 确定十字光标在绘图区的位置 • 移动绘图区的水平、垂直滚动条 • 单击工具栏中的按钮，执行相应的命令 • 单击对话框中的命令按钮，执行命令。
通常单击右键（称为右击）含义	• 右击光标所指向的当前命令工具栏设置框，以定制工具栏 • 结束选择目标 • 弹出浮动菜单 • 代替 Enter 键
双击：一般均指双击左键	• 启动程序或打开窗口 • 更改状态行上 SNAP、GRID、ORTHO、OSNAP、MODEL 和 TILE 等开关量
工作模式	• 人机对话，操作过程 • 发命令——看提示；先命令——后选择

续表

操 作 要 点	含　　义
命令输入方式	• 下拉菜单 • 工具栏按钮 • 直接输入命令 • 使用快捷键 • 运用辅助绘图工具
绘图时，通过坐标系确定点的位置	• 用鼠标在屏幕上取点 • 用对象捕捉方式捕捉特征点 • 通过键盘输入点的坐标
绝对坐标系	指相对于当前坐标系坐标原点的坐标 • 直角坐标：x,y,z（输入点的 x,y,z 坐标） • 极坐标 $a<b$ ① a——某点与坐标原点的距离 ② b——两点连线与 X 轴正向的夹角 • 球面坐标（$a<b<c$） ① a——某点与坐标原点的距离 ② b——该点在 XOY 平面内的投影与原点连线与 X 轴正向的夹角 ③ c——该点与坐标系原点的连线同 XOY 坐标平面的夹角
相对坐标	指相对于前一坐标点的坐标 • 相对直角坐标（@x,y） • 相对极坐标（@$a<b$） • 相对球面坐标（@$a<b<c$）

4.12　基于案例的 AutoCAD 实践

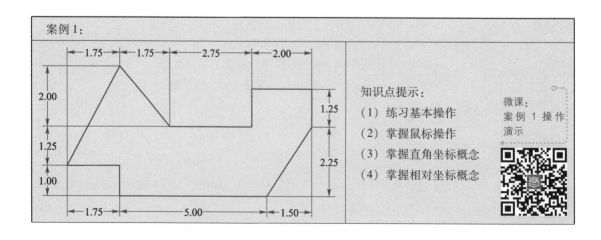

案例 1：

知识点提示：
（1）练习基本操作
（2）掌握鼠标操作
（3）掌握直角坐标概念
（4）掌握相对坐标概念

微课：
案例 1 操作
演示

操作要点及步骤：

1. 设置绘图工作环境

（1）设置绘图区域：20,15

（2）设置极轴追踪："极轴追踪"状态按钮为打开状态

（3）设置栅格间距：1

（4）打开"栅格显示"并使栅格居中。命令：Z（回车），A（回车）

2. 用画直线命令完成绘图

（1）绝对坐标：(x,y)

（2）相对坐标：$(@x,y)$

画图步骤示意：

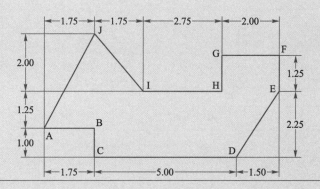

案例2：

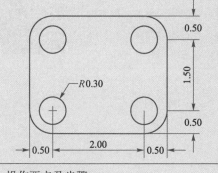

知识点提示：

（1）练习基本操作

（2）掌握相对坐标画矩形操作

（3）掌握倒圆角操作

（4）掌握捕捉圆心操作

（5）掌握复制、镜像、矩形阵列操作，理解矩形阵列的行间距、列间距概念

微课：
案例 2 操作
演示

操作要点及步骤：

1. 设置绘图工作环境

（1）设置绘图区域：10,10

（2）设置极轴追踪："极轴追踪"状态按钮为打开状态

（3）设置栅格间距：1

（4）打开"栅格显示"并使栅格居中。命令：Z（回车），A（回车）

2. 绘制步骤提示

（1）用画矩形命令绘制（3,2.5）矩形

（2）用倒圆角命令倒圆角，设置圆角半径为 0.5

（3）画半径 R 为 0.3 的圆，用圆心捕捉方法捕捉圆角圆心

（4）用复制命令完成其余三个圆的绘制

（5）改用镜像命令完成其余三个圆的绘制

（6）改用阵列命令（选择矩形阵列）完成其余三个圆的绘制

画图步骤示意：

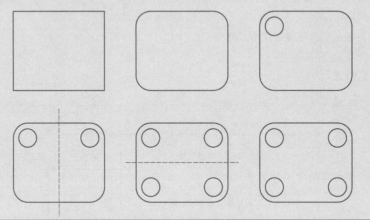

案例 3：

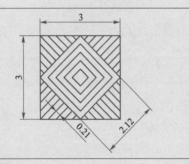

知识点提示：

（1）练习基本操作

（2）理解和掌握偏移命令

（3）理解多段线概念

（4）掌握选对象的几种方式

（5）掌握修剪命令

（6）掌握环形阵列操作

微课：
案例 3 操 作
演示

操作要点及步骤：

1. 设置绘图工作环境

（1）设置绘图区域：10,10

（2）设置栅格间距：0.5

（3）打开"栅格显示"并使栅格居中。命令：Z（回车），A（回车）

2. 绘制步骤提示

（1）用画矩形命令绘制（3,3）的矩形

（2）用画多段线命令、捕捉中点方式画中间的矩形

（3）用偏移命令画中间的 4 个同心矩形，偏移距离为 0.21

（4）用捕捉端点和捕捉中点的方式画出左上角最中间的一根直线

（5）用偏移命令分别向上和向下偏移直线，偏移距离为 0.21

（6）用修剪命令修剪正方形边界以外的直线

（7）用环形阵列命令画出其余三个角的直线（需要在矩形中间画一根直线，并以此直线的中点为中心做环形阵列，画完之后删除此直线）

续表

画图步骤示意：

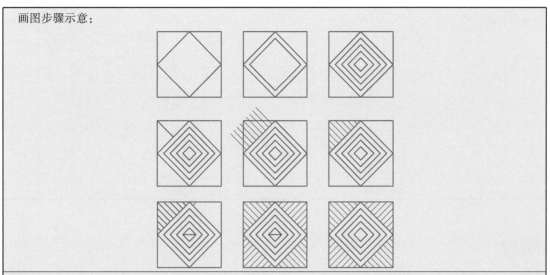

案例 4：

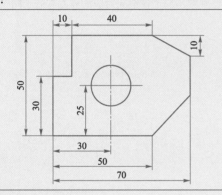

知识点提示：

（1）练习基本操作

（2）掌握相对坐标画矩形操作

（3）掌握倒角概念

（4）掌握修剪命令的使用方法

（5）掌握命令"自"的用法

微课：
案例 4 操作
演示

操作要点及步骤：

1. 设置绘图工作环境

（1）设置绘图区域：150,100

（2）设置极轴追踪："极轴追踪"状态按钮为打开状态

（3）设置栅格间距：10

（4）打开"栅格显示"并使栅格居中。命令：Z（回车），A（回车）

2. 绘制步骤提示

（1）用画矩形命令绘制（70,50）的矩形

（2）在矩形的右侧做两个倒角，理解倒角距离概念

（3）在矩形的左上角画一个（10,20）的矩形

（4）在矩形的左上角以（10,20）矩形为边界做修剪

（5）完成修剪后删除（10,20）矩形

（6）画中间的半径为 10 的圆。先用画圆命令，当命令提示确定点时右击鼠标，同时按下键盘上的 Shift 键，出现浮动菜单，选择"自"，然后根据提示完成操作

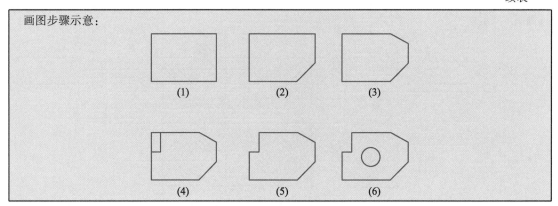

习题 4

1. 熟悉 AutoCAD 中文版界面,选择不同的工作空间,观察不同工作空间对应的界面有何不同。

2. AutoCAD 命令的输入有哪几种方式?

3. 设置图形界限有何作用?如何设置?

4. 绝对坐标和相对坐标的含义有何不同?

5. 绘制图 4.30 所示的各二维图。

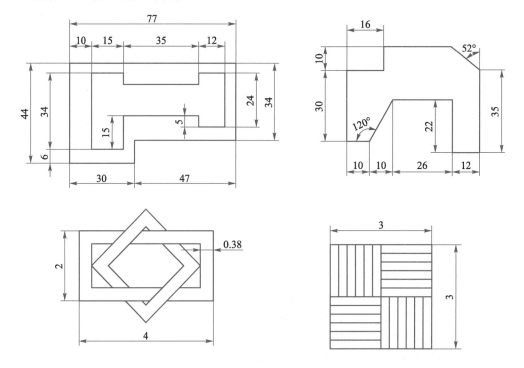

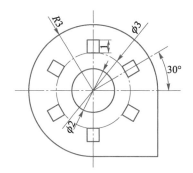 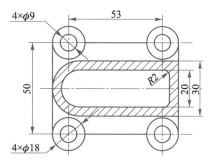

图 4.30   绘制二维图

第 5 章 电气 CAD 应用实践

电气系统规模的不断庞大、功能的多样化发展、线路复杂程度的加大、产品更新换代周期的缩短以及新产品的不断涌现，使得技术人员的文件编制工作越来越繁杂。文件编制工作采用计算机辅助设计（CAD），给专业技术人员带来了很大的方便。

电子电气 CAD 的基本含义是使用计算机来完成电子电气的设计，包括电气原理图的编辑、电路功能仿真、工作环境模拟、印制板设计（自动布局、自动布线）与检测等。电子电气 CAD 软件还能迅速形成各种各样的报表文件（如软件清单报表），为元件的采购及工程预决算等提供方便。

5.1 电气 CAD 应遵守的基本原则

5.1.1 计算机制图应遵循的原则

1. 保持数据一致性的原则

为保持所有文件之间及整套装置或设备与文件之间的一致性，用于 CAD 的数据（包括电气符号）和文件应当存储在数据库中。

2. 采用公认的标准数据格式和字符集的原则

当需要在计算机系统之间交换数据时，CAD 的初始输入系统应采用公认的标准数据格式和字符集，以简化设计数据的交换过程。

3. 选择和应用设计输入终端的原则

① 选用的终端应在符号、字符和所需格式方面支持适用的工业标准。

② 在数据库和相关图表方面，设计输入系统应支持标准化格式，以便设计数据能在不同系统之间传输，或传送到其他系统做进一步处理。

③ 初始设计输入应按所需文件编制方法进行。

④ 数据的编排应允许补充和修改，且不涉及大范围的改动。

4. 图形符号应遵守有关标准的原则

电气简图用图形符号应遵守有关标准的规定。

5. 信息标记和注释的原则

为实现计算机处理的兼容性，用于组成信息代号的字符集只能限于国家标准中规定的代码表，不包括控制字符。

6. 图层名的命名原则

在同一 CAD 系统中，图层名应唯一，图层名宜采用国内外通用信息分类的编码标准。为便于各专业信息交换，图层名应采用格式化命名方式。

5.1.2　利用 AutoCAD 进行电子电气设计的步骤

在计算机上，利用 AutoCAD 进行电子电气设计的过程如下：

① 选择图纸幅面、标题栏式样和图纸放置方向等。

② 放大绘图区，直到所绘制的电子元器件大小适中为止。

③ 在工作区内放置元器件：先放置核心元件，再放置电路中的剩余元件。

④ 调整元件位置。

⑤ 修改、调整元件的标号、型号及其字体大小和位置等。

⑥ 连线、放置电气节点和网络标号（元件间连接关系）。

⑦ 放置电源及地线符号。

⑧ 仔细检查电气设计，找出原理图中可能存在的缺陷。

⑨ 打印输出图纸。

5.1.3　电气工程图的分类

电气设备安装工程是建筑工程的有机组成部分，根据建筑物功能的不同，电气设计内容有所不同，通常可以分为内线工程和外线工程两大部分。

具体到电气设备安装施工，电气工程图按其表现内容不同可分为以下几种类型。

（1）配电系统图

配电系统图表示整个电力系统的配电关系或配电方案。在三相配电系统中，三相导线是一样的，系统图通常用单线表示。从配电系统图中可以看出该工程配电的规模、各级控制关系、各级控制设备及保护设备的规格容量、各路负荷用电容量和导线规格等。

（2）平面位置图

平面位置图表示建筑物各层的照明、动力及电话等电气设备的平面位置和线路走向，这是安装电器和敷设支路管线的依据。

（3）大样图

大样图表示电气安装工程中的局部做法明细。例如聚光灯安装大样图、灯头盒安装大样图等。

（4）二次接线图

二次接线图表示电气仪表、互感器、继电器及其他控制回路的接线。例如，加工非标准配电箱就需要配电系统和二次接线图。

（5）电气原理图

电气原理图是表达电路工作原理的图纸。

5.2   电气 CAD 应用实践

5.2.1   系统图和框图的 CAD 实现

系统图和框图是用线框、连线和字符构成的一种简图，用来概略表示系统或分系统的基本组成、功能及其主要特征。系统图和框图是对详细简图的概括，在技术交流以及产品的调试、使用和维修时可以提供参考资料。在实际应用中，系统图用于系统或成套装置，框图用于分系统或设备。

微课：
系统图和框图
的 CAD 实现

绘制系统图或框图时，设备或系统的基本组成部分是用图形符号或带注释的线框组成的，常以方框为主，框内的注释可以采用文字符号、文字及其混合表达。框图的布局要求清晰、均匀，一目了然。起主干作用的部分位于框图的中心位置，而起辅助作用的部分则位于主干部分的两侧。框与框之间用实线连接，必要时应在接线上用开口箭头表示过程或流向。

[例 5.1] 绘制某轧钢厂的系统图，如图 5.1 所示。

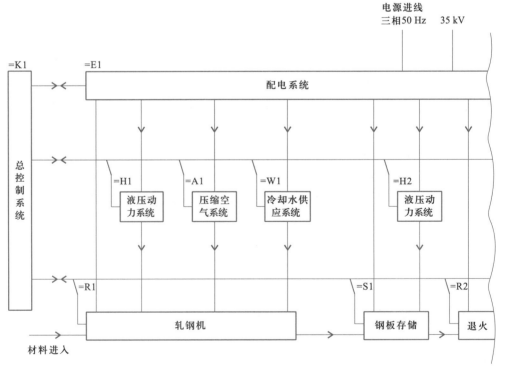

图 5.1   某轧钢厂的系统图

1. 画图提示

① 绘制的基本过程是首先画出各框，再画出各框的连接线，然后标注文字。

② 观察该图，发现有许多相同的图形，因此，在绘图中可大量应用复制命令。

③ 绘图时，可从中间的矩形开始绘制，然后根据相对位置画出其他图形。

④ 在绘图时，用 AutoCAD 提供的"极轴追踪"和"对象捕捉追踪 & 对象捕捉"功能来定位，可大大提高绘图效率。

2. 操作步骤

① 设置绘图工作环境：

● 设置绘图区域：200,150。

● 设置极轴追踪：设置极轴角增量为 15°。"极轴追踪"按钮设置为打开状态。

● 打开"对象捕捉"和"对象捕捉追踪"按钮。

② 绘制如图 5.1.1 所示图形。

③ 绘制如图 5.1.2 所示图形（提示：用复制的方法画出其余三个同样的图形）。

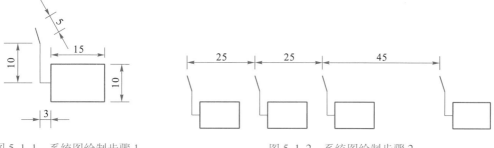

图 5.1.1　系统图绘制步骤 1　　　　　　图 5.1.2　系统图绘制步骤 2

④ 绘制如图 5.1.3 所示图形中的直线。

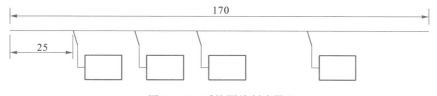

图 5.1.3　系统图绘制步骤 3

利用"对象捕捉追踪 & 对象捕捉"功能，把光标移到左边连接线最上面一条线的端点，出现捕捉到的端点后，水平向左移动光标，当显示端点极坐标约为（25<180）时，单击左键确定，如图 5.1.3a 所示。

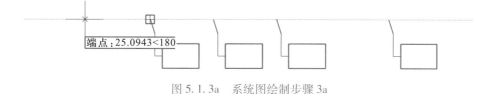

图 5.1.3a　系统图绘制步骤 3a

指定下一点或［放弃(U)］：水平向右移动光标，出现如图 5.1.3b 所示的端点极坐标时，单击左键确定。

图 5.1.3b 系统图绘制步骤 3b

⑤ 绘制如图 5.1.4 所示图形中的（1）、（2）（提示：用"对象追踪"功能绘制）。

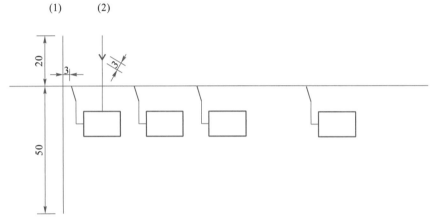

图 5.1.4 系统图绘制步骤 4

⑥ 绘制如图 5.1.5 所示图形的（1）~（3）（提示：用复制方法，绘制如图 5.1.5 所示直线和箭头）。

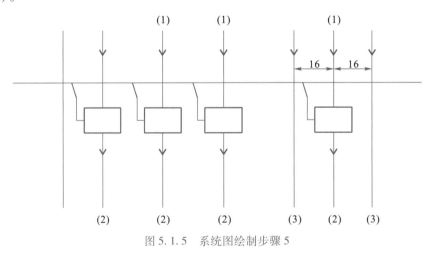

图 5.1.5 系统图绘制步骤 5

⑦ 绘制如图 5.1.6 所示图形中的三个矩形（1）。

⑧ 绘制如图 5.1.7 所示图形中的连接线（1）、直线（2）。

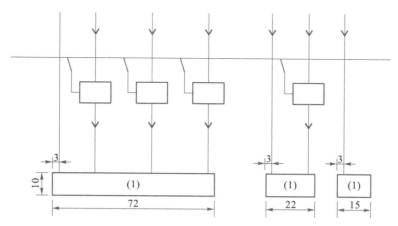

图 5.1.6   系统图绘制步骤 6

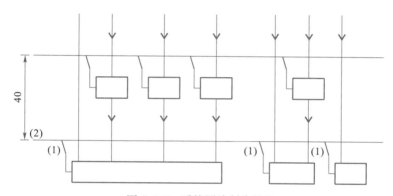

图 5.1.7   系统图绘制步骤 7

⑨ 绘制如图 5.1.8 所示图形中下面带箭头的 3 条线，如图中 (1)。

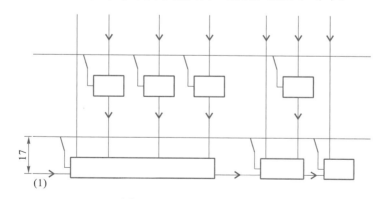

图 5.1.8   系统图绘制步骤 8

⑩ 绘制如图 5.1.9 所示图形中的矩形 (1) 和矩形间的连接线及箭头 (2)。

⑪ 绘制如图 5.1.10 所示图形中的两根电源进线。

⑫ 绘制如图 5.1.11 所示图形中的截面线 (1)（提示：用多段线画，然后对多段线进行拟合）。

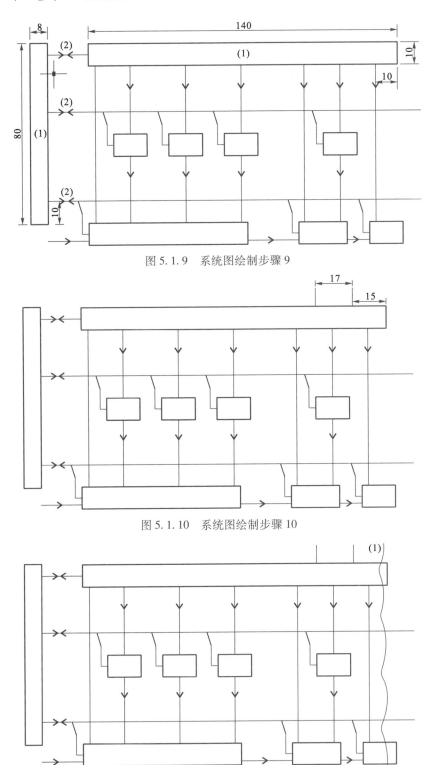

图 5.1.9　系统图绘制步骤 9

图 5.1.10　系统图绘制步骤 10

图 5.1.11　系统图绘制步骤 11

⑬ 在画好的图中加入如图 5.1 所示的文字。

5.2.2 电气简图的 CAD 实现

电气简图是由图形符号、带注释的框（或简化的外形）和连接线等组成的，用来表示系统、设备中各组成部分之间的相互关系和连接关系。电气简图不具体反映元器件、部件及整件的实际结构和位置，而是从逻辑角度反映它们的内在联系。电气简图是电气产品极其重要的技术文件，在设计、生产、使用和维修的各个阶段被广泛地使用。

电气简图应布局合理、排列均匀、画面清晰、便于读图。图的引入线和引出线应绘制在图纸边框附近，表示导线、信号线和连接线的图线应尽量减少交叉和弯折。

［**例 5.2**］绘制某小型企业供电系统电气简图，如图 5.2 所示。

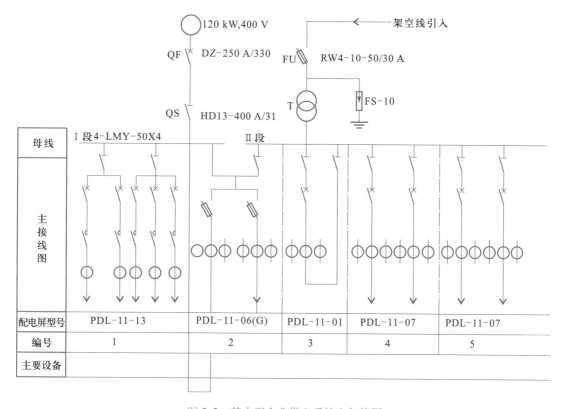

图 5.2　某小型企业供电系统电气简图

1. 画图提示

① 观察图形，发现该图是由电气元件、触点和线段组成，因此可在绘图中应用复制命令。

② 在画一些元件时，可先绘制出元件图形，再通过移动、复制、镜像、旋转等编辑功能和对象捕捉的方法把它们放到合适的位置。对初学者来说，应避免试图一次画到位的习

惯，要灵活应用 CAD 中丰富的编辑功能，这样可以提高绘图效率和准确性。

③ 绘图时，应先把一条支路完整准确地画出来，然后根据相对位置用多重复制方法画出其他图形。

④ 对那些大致相同，略有不同的图形，应先用复制方法画出，再对其进行局部的调整和修改。

2. 操作步骤

① 设置绘图工作环境：

● 设置绘图区域：200,150。

● 设置极轴追踪：设置极轴角增量为 15°。"极轴追踪"状态按钮设置为打开状态。

● 打开"对象捕捉"和"对象捕捉追踪"按钮。

② 绘制如图 5.2.1 所示图形。

图 5.2.1 电气简图绘制步骤 1

③ 绘制如图 5.2.2 所示图形中的（1）、（2）。

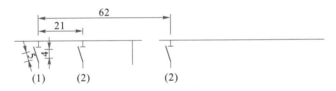

图 5.2.2 电气简图绘制步骤 2

④ 绘制如图 5.2.3 所示图形（1）中的 3 条线。

图 5.2.3 电气简图绘制步骤 3

⑤ 绘制如图 5.2.4 所示图形中的（2）~（5）。

⑥ 绘制如图 5.2.5 所示图形中的（1）~（4）。

⑦ 绘制如图 5.2.6 所示图形中的（1）~（6）。

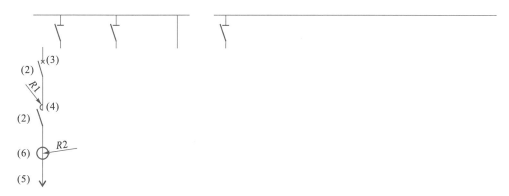

图 5.2.4 电气简图绘制步骤 4

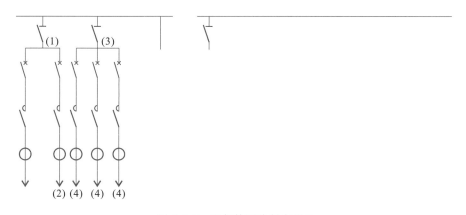

图 5.2.5 电气简图绘制步骤 5

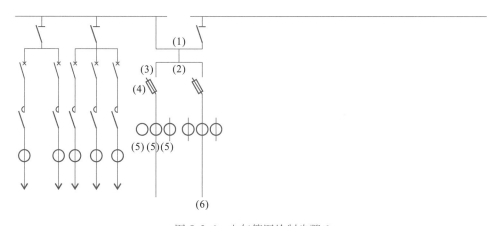

图 5.2.6 电气简图绘制步骤 6

⑧ 绘制如图 5.2.7 所示图形中的（1）、（2）。

画图 5.2.7 中（2）时，可使用"对象捕捉追踪 & 对象捕捉"功能，把光标移到左边水平连接线的右端点，如图 5.2.7a 所示。

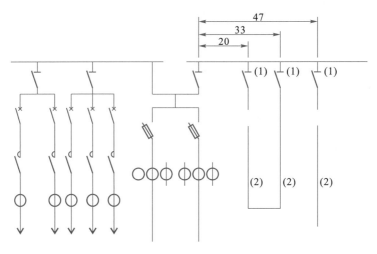

图 5.2.7   电气简图绘制步骤 7

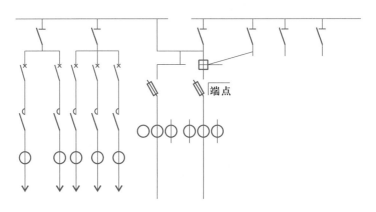

图 5.2.7a   电气简图绘制步骤 7a

出现捕捉到的端点后，水平向右移动光标，当显示如图 5.2.7b 所示时，单击左键确定。

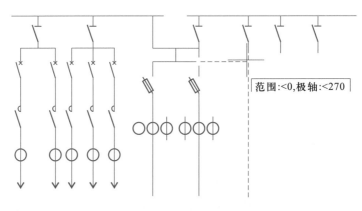

图 5.2.7b   电气简图绘制步骤 7b

出现捕捉到的端点后，水平向右移动光标，当显示如图 5.2.7c 所示时，单击左键确定。

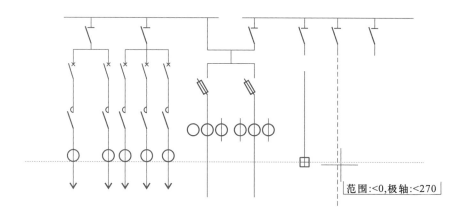

图 5.2.7c　电气简图绘制步骤 7c

⑨ 绘制如图 5.2.8 所示图形中的（1）~（3）。

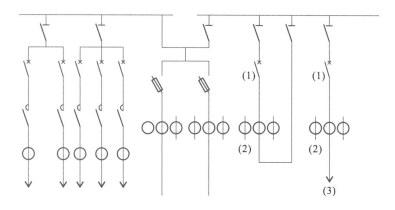

图 5.2.8　电气简图绘制步骤 8

用复制方法绘制触点、圆和箭头。

● 复制触点，把基点选在交叉线的交叉处，如图 5.2.8 中复制绘出（1）。

● 复制圆，把基点选在中间圆与垂线的交点处，然后水平向右移动光标，捕捉到与所连接垂线交点时，单击左键确定，如图 5.2.8 中（2）所示。

● 复制箭头时，把基点选在箭头的交叉处，如图 5.2.8 中（3）所示。

⑩ 用多重复制方法绘制图 5.2.9 所示图形（2），间隔距离如图中所示。

● 用复制命令，在选择对象时选择图 5.2.9 中（1）的所有图形，选择支路的上端点为基点。

● 用多重复制方法，按图 5.2.9 中所示距离进行复制。

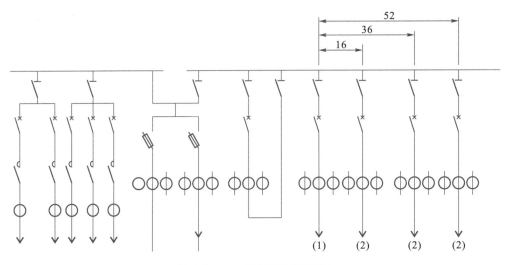

图 5.2.9   电气简图绘制步骤 9

⑪ 绘制如图 5.2.10 所示图形中的（1）~（6）。绘制图 5.2.10 中的直线（1）。

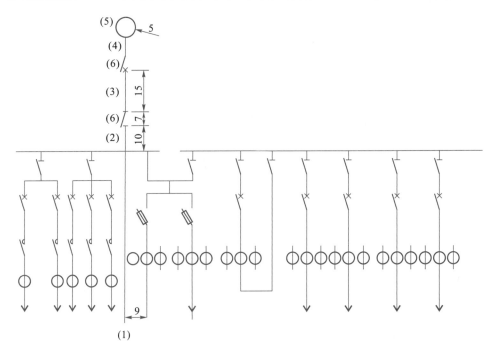

图 5.2.10   电气简图 2 绘制步骤 10

⑫ 绘制如图 5.2.11 所示图形中的（1）~（6）。

⑬ 绘制如图 5.2 所示的标题框并标注文字。

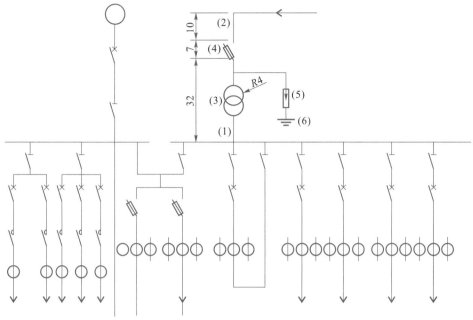

图 5.2.11 电气简图绘制步骤 11

练习题

绘制图 5.2.12 所示的电气简图。

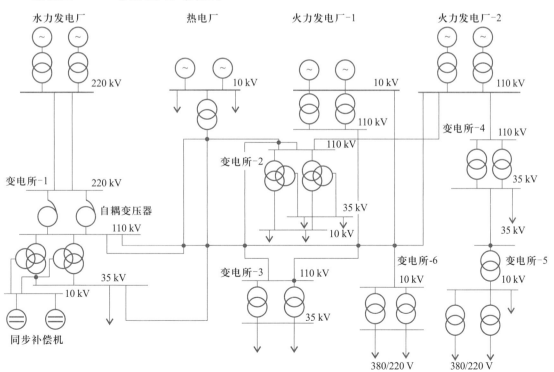

图 5.2.12 某电力系统电气简图

5.2.3   接线图的 CAD 实现

微课：
接线图的 CAD
实现

接线图主要用于安装接线和线路维护，它通常与电气原理图、电气元件布置图一起使用。接线图是反映电气装置或设备之间及其内部独立结构单元连接关系的接线文件，接线文件应当包含的主要信息是，能够识别用于接线的每个连接点，和接在这些连接点上的所有导线。因此，接线图的视图应能最清晰地表示出各个元件的端子位置及连接。

接线图不仅是电气产品和成套设备的安装配线生产工序中必备文件，对设备和装置的调试、检修也不可缺少。

[例 5.3] 绘制如图 5.3 所示的单元接线图。

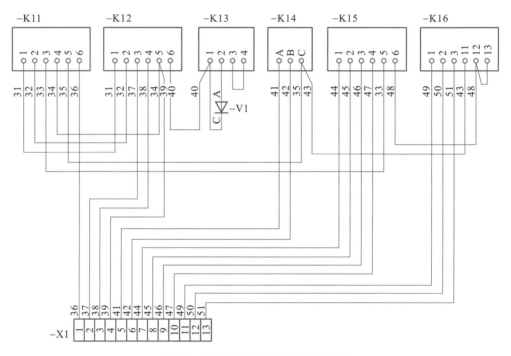

图 5.3   采用连续线的单元接线图示例

1. 画图提示

① 观察该图，发现图形都是一些平行直线，似乎用 OFFSET 命令画最快，但由于直线要连接到正确位置上，因此，用 OFFSET 命令绘制直线会使下一步的编辑变得非常繁杂。

② 在本图中绘制直线时，应大量应用"对象捕捉追踪 & 对象捕捉"功能直接在画直线的过程中准确定位。

③ 用 AutoCAD 绘图时，应仔细看图，根据图形选择最佳操作，就可使图画得又快又好。

2. 操作步骤

① 设置绘图工作环境：

- 设置绘图区域：200,150。
- 设置极轴追踪：设置极轴角增量为 15°。"极轴追踪"按钮设置为打开状态。
- 打开"对象捕捉"和"对象捕捉追踪"按钮。

② 绘制如图 5.3.1 所示图形。

③ 绘制如图 5.3.2 所示图形（提示：用绘制等分点的方式绘制直线（2）中的圆）。

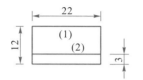　　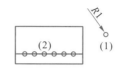

图 5.3.1　接线图绘制步骤 1　　　　图 5.3.2　接线图绘制步骤 2

④ 绘制如图 5.3.3 所示图形。用 COPY 命令，选择如图 5.3.3 中的（1）为复制对象，按图中标出的距离，复制绘出（2）、（3）。

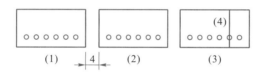

图 5.3.3　接线图绘制步骤 3

⑤ 绘制如图 5.3.4 所示图形。

图 5.3.4　接线图绘制步骤 4

⑥ 绘制如图 5.3.5 所示图形。

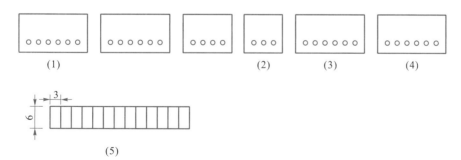

图 5.3.5　接线图绘制步骤 5

⑦ 绘制如图 5.3.6 所示图形。

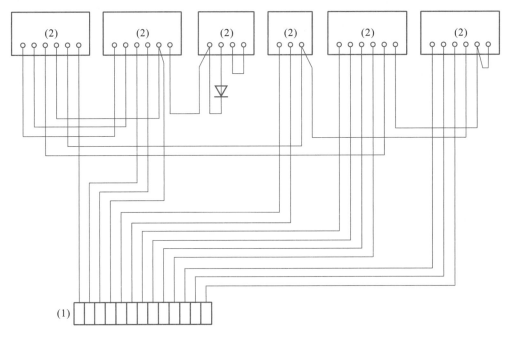

图 5.3.6 接线图绘制步骤 6

● 用 "LINE" 命令，按图 5.3.6 所示画连接线，在接线端（1）处，捕捉矩形上边的中点，在上端接线端（2）处，捕捉圆心向下与圆周相交的点。

● 在画连接线中间的折线时，可用 "对象捕捉追踪 & 对象捕捉" 功能来确定点，用 "对象捕捉追踪 & 对象捕捉" 功能画图 5.3.6a 连接线中间的折线步骤如下：

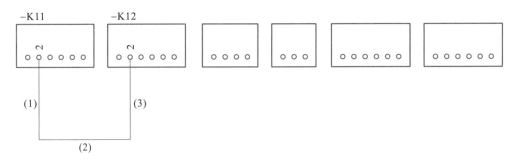

图 5.3.6a 接线图绘制步骤 6a

● 用 "LINE" 命令画图 5.3.6a 中的直线（1），上端点捕捉圆心，下端点按图示位置确定。

● 继续画直线（2）。在确定直线（2）的右端点时，用 "对象捕捉追踪 & 对象捕捉" 功能，把光标移到-K12 接线架的 2 号接线圆附近，出现捕捉到的圆心后（如图 5.3.6b 所示），垂直向下移动光标，当显示端点与直线（1）的下端点在一条水平线时（如图 5.3.6c

所示），单击左键确定。

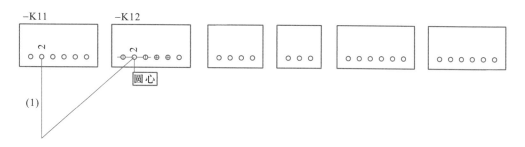

图 5.3.6b 接线图绘制步骤 6b

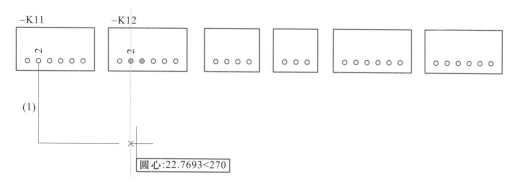

图 5.3.6c 接线图绘制步骤 6c

● 继续画直线（3）。如图 5.3.6d 所示，垂直向上移动鼠标，当出现捕捉到的−K12 接线架的 2 号接线圆圆心时，单击左键确定。

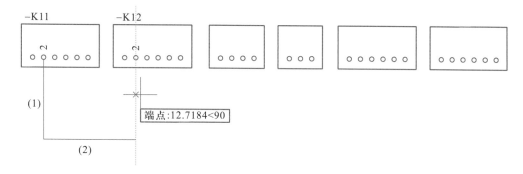

图 5.3.6d 接线图绘制步骤 6d

提示：用"对象捕捉追踪 & 对象捕捉"功能画连接线，整齐美观、方便快捷。
⑧ 绘制如图 5.3 所示图形中的二极管并标注文字。

5.2.4 电气原理图的 CAD 实现

微课：
电气原理图
的 CAD 实现

电气原理图是表达电路工作原理的图纸，应该按照国家标准进行绘制。图纸的尺寸必须符合标准。图中需要用图形符号和文字绘制出全系统所有的电气元件，而不必绘制元件的外形和结构；同时，也不必考虑电气元件的实际位置，而是依据电气绘图标准，依照展开图画法表示元器件之间的连接关系。这种图的主要用途是：了解实现系统、分系统、电器、部件、设备、软件等的功能所需的实际元器件及其在电路中的作用；详细表达和理解设计对象（电路、设备或装置）的作用原理，分析和计算电路特性；作为编制接线图的依据；为测试和寻找故障提供信息。

在电气原理图中，一般将电路分成主电路和辅助电路两部分绘制出来。主电路是控制电路中强电流通过的部分，由电动机等负载和其相连的电气元件（如刀开关、熔断器、热继电器的热元件和接触器的主触点等）组成。辅助电路中流过的电流较小，一般包括控制电路、信号电路、照明电路和保护电路等，由控制按钮、接触器和继电器的线圈及辅助触点等电气元件组成。

绘制电气原理图的规则如下：

① 所有的元件都应用国标规定的图形符号和文字符号表示。

② 主电路用粗实线绘制在图纸的左部或者上部，辅助电路用细实线绘制在图纸的右部或者下部。电路或者元件按照其功能布置，尽可能按照动作顺序排列，布局遵守从左到右、从上到下的顺序排列。

③ 同一元件的不同部分，如接触器的线圈和触点，可以绘制在不同的位置，但必须使用同一文字符号表示。对于多个同类电器，可采用文字符号加序号表示，如 K1、K2 等。

④ 所有电器的可动部分（如接触器触点和控制按钮）均按照没有通电或者无外力的状态绘制。

⑤ 尽量减少或避免线条交叉，元件的图形符号可以按照旋转 90°、180°或 45°绘制。

⑥ 绘制要层次分明，各元件及其触点的安排要合理。在完成功能和性能的前提下，应尽量少用元件，以减少耗能。同时，要保证电路运行的可靠性、施工和维修的方便性。

[例 5.4] 绘制如图 5.4 所示的电气原理图。

1. 画图提示

① 绘制电气原理图时，不必考虑其组成项目的实际尺寸、形状或位置。

② 由于电气原理图是由元器件符号组成，因此，在用 AutoCAD 绘制电气原理图时，可采用建立图块的方式，把一些常用的电气元件图形符号建成图块。

③ 电气原理图中有大量的电气元件重复出现，可用 AutoCAD 创建块、插入块的方法来绘制。这样就可避免大量的重复工作，提高绘图效率。

④ 对于相似的元件图形符号，可先复制已画好的元件符号，再用各种编辑命令根据各种元件的图形进行修改，这样可以提高绘图速度。

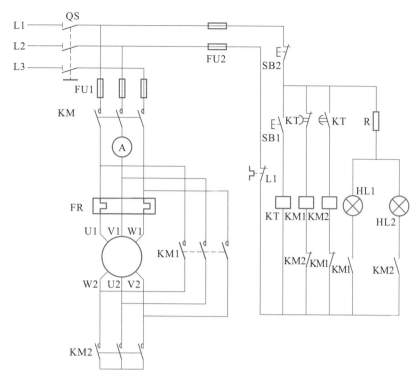

图 5.4 电气原理图示例

⑤ 若把元器件块建成外部图形块，就可以在画其他类似的电路时重复使用，大大提高了绘图效率。

2. 操作步骤

① 设置绘图区域：命令：'_limits（回车） 200，200

② 绘制如图 5.4.1 所示图形符号。

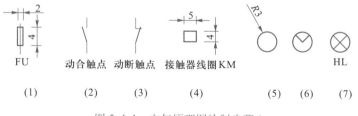

图 5.4.1 电气原理图绘制步骤 1

③ 按图 5.4.2 所示步骤，绘制时间继电器的动断触点。

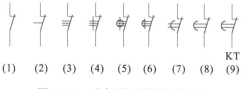

图 5.4.2 电气原理图绘制步骤 2

● 用 COPY 命令，把步骤②画好的接触器动断触点复制绘出，如图 5.4.2（1）所示。

● 在图 5.4.2（1）中，画出如图 5.4.2（2）所示的中间水平线。

● 用 OFFSET 命令画出如图 5.4.2（3）所示的两侧水平线。

● 用 LINE 命令，在如图 5.4.2（4）所示的位置画一条垂直线。

● 用 CIRCLE 命令，在如图 5.4.2（5）所示的位置，以垂线与中间一条线的交点为圆心画圆。

● 用 TRIM 命令，剪去图 5.4.2（5）中左侧半圆，如图 5.4.2（6）所示。

● 用 ERASE 命令，删去图 5.4.2（6）中间的水平线和垂直线，如图 5.4.2（7）所示。

● 用 TRIM 命令，剪去图 5.4.2（7）中半圆周多出的线，如图 5.4.2（8）所示。

● 加上文字标注，如图 5.4.2（9）所示。

④ 按图 5.4.3 所示步骤，绘制时间继电器的动合触点。

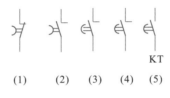

(1)   (2)   (3)   (4)   (5)

图 5.4.3   电气原理图绘制步骤 3

● 用 COPY 命令，把已经画好的时间继电器动断触点复制绘出，如图 5.4.3（1）所示。

● 用 MIRROR 复制命令，改变触头方向，如图 5.4.3（2）所示。

● 用 MIRROR 复制命令，改变时间继电器触点标识方向，如图 5.4.3（3）所示。

● 用 MIRROR 复制命令，改变时间继电器触点标识中圆弧方向，如图 5.4.3（4）所示。

● 用 EXTEND 命令，延长直线到圆弧，如图 5.4.3（5）所示。

● 用 TRIM 命令，剪去多余线段，如图 5.4.3（6）所示。

⑤ 按图 5.4.4 所示步骤，绘制接触器主触点 KM。

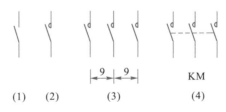

(1)   (2)   (3)   (4)

图 5.4.4   电气原理图绘制步骤 4

⑥ 按图 5.4.5 所示步骤，绘制热继电器 FR。

⑦ 按图 5.4.6 所示步骤，绘制主开关 QS。

● 复制已画好的接触器主触点，如图 5.4.6（1）所示。

● 用 ROTATE 命令，以中间线的下端点为基点旋转 90°，如图 5.4.6（2）所示。

● 用 ERASE 命令，删除接触器主触点的弧形触头，如图 5.4.6（3）所示。

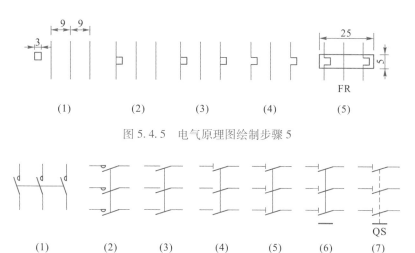

图 5.4.5　电气原理图绘制步骤 5

图 5.4.6　电气原理图绘制步骤 6

- 用 LINE 命令，画触头短线，如图 5.4.6（4）所示；
- 用 COPY 命令，复制出另外两个触头短线，如图 5.4.6（5）所示。
- 用 LINE 命令，画出下面的一条短线，如图 5.4.6（6）所示。
- 把中间线的线型改为虚线，用 EXTEND 命令把虚线延长到下面的短线，如图 5.4.6（7）所示。

⑧ 按图 5.4.7 所示步骤，绘制动断按钮 SB2 和动合按钮 SB1。

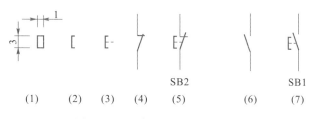

图 5.4.7　电气原理图绘制步骤 7

- 按图 5.4.7（1）所示尺寸画一个 1×3 的矩形。
- 用 EXPLODE 命令分解矩形，用 ERASE 命令删除右边直线，如图 5.4.7（2）所示。
- 把线型改为虚线，用 LINE 命令画出按钮中间的直线，如图 5.4.7（3）所示。
- 用 COPY 命令，复制已画好的动断触点，如图 5.4.7（4）所示。
- 用 MOVE 命令，以按钮直线右侧端点为基点，移动到动断触点线的中点，如图 5.4.7（5）所示，完成动断按钮的绘制。
- 用 COPY 命令，复制已画好的动合触点，如图 5.4.7（6）所示。
- 用 COPY 命令，复制画好的按钮，以按钮直线右侧端点为基点，复制到动合触点线的中点，如图 5.4.7（7）所示，完成动合按钮的绘制
⑨ 按图 5.4.8 所示步骤，绘制热继电器触点 FR。

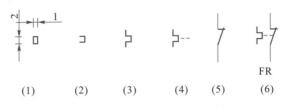

图 5.4.8　电气原理图绘制步骤 8

- 按图示尺寸画一个 1×2 的矩形，如图 5.4.8（1）所示。

- 用 EXPLODE 命令分解矩形，用 ERASE 命令删除左边直线，如图 5.4.8（2）所示。

- 用 LINE 命令，画出两边的直线。提示：先画出一条直线，再用复制方法画出另一条线，这样画比较快捷并且能保证两条线一样长，如图 5.4.8（3）所示。

- 把线型改为虚线，用 LINE 命令，画出中间的直线，如图 5.4.8（4）所示。

- 用 COPY 命令，复制画好的动断触点，如图 5.4.8（5）所示。

- 用 MOVE 命令，以图 5.4.8（4）中直线右侧端点为基点，移动到动断触点线的中点，如图 5.4.8（5）所示。

⑩ 把上面画出的有关图形建成内部块。

命令：_block

弹出如图 5.4.9a 所示的"块定义"对话框。

图 5.4.9a　电气原理图绘制步骤 9

- "名称"下拉列表：输入图块名称。

- "基点"选项组：

在对话框的"基点"选项组中，用户可确定插入点的位置。通常用户可单击"拾取点"按钮，然后用十字光标在绘图区内选择一个点。

- "对象"选项组：

用来选择构成图块的实体及控制实体显示方式。单击"选择对象"按钮，用户在绘图区内用鼠标选择构成图块的实体目标，单击鼠标右键或回车结束选择。

上述 3 步操作完成后，单击"确定"按钮，则完成图块创建。

把步骤②~⑨所画的如图 5.4.9b 所示的列电路元件符号建成图形块。注意：图块名称按电路图中的文字标出，便于图块插入时辨认。

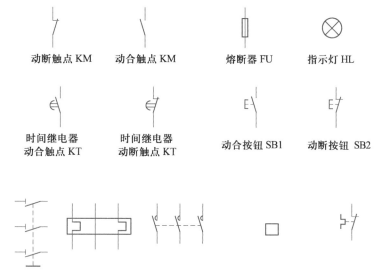

图 5.4.9b　电气原理图绘制步骤 9

⑪ 用插入图块的方法画电气原理图。

插入图块的操作：命令：_insert

弹出图 5.4.10a 所示的"插入"对话框。

图 5.4.10a　电气原理图绘制步骤 10

- 在"名称"下拉列表中，选择需要的已经建好的图形块。
- 单击"确定"按钮。
- 在绘图区适当位置插入块。

按图 5.4.10b 所示位置插入 4 个图块。

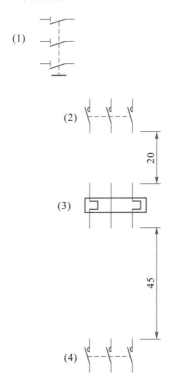

图 5.4.10b　电气原理图绘制步骤 10

提示：在插入图块时应根据电路图中元件的相对位置布置元件，用"对象捕捉追踪 & 对象捕捉"功能，使图中的图块（2）、（3）、（4）的 3 条垂直线相对应。

⑫ 如图 5.4.11 所示，画 3 条水平线。

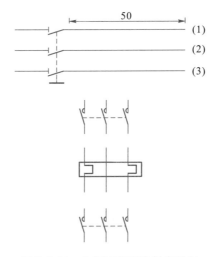

图 5.4.11　电气原理图绘制步骤 11

⑬ 绘制图 5.4.12 所示的（1）~（4）。

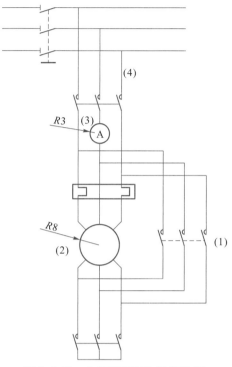

图 5.4.12   电气原理图绘制步骤 12

⑭ 绘制图 5.4.13 所示的（1）~（7）。

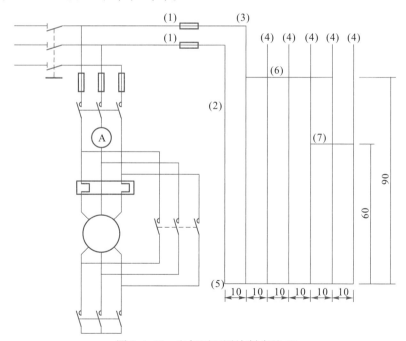

图 5.4.13   电气原理图绘制步骤 13

⑮ 绘制图 5.4.14 所示图形（提示：用 TRIM 命令，剪掉多余线）。

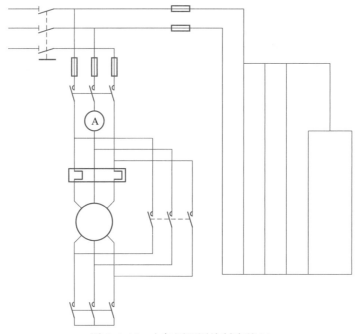

图 5.4.14   电气原理图绘制步骤 14

⑯ 按图 5.4.15 所示位置插入图块。

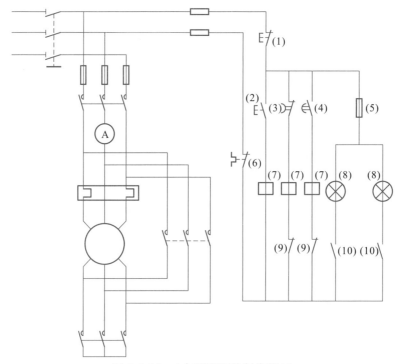

图 5.4.15   电气原理图绘制步骤 15

⑰ 按图 5.4.16 所示修剪掉多余线段。

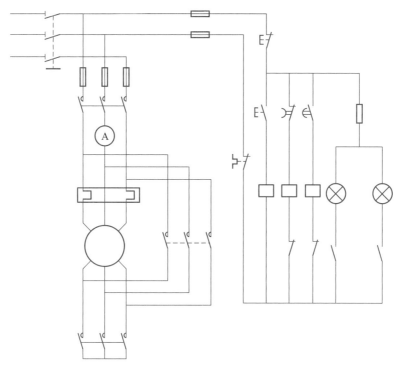

图 5.4.16 电气原理图绘制步骤 16

提示：在用 TRIM 命令之前，应先用 EXPLODE 命令，把上一步插入的图块（1）~（10）分解，然后，再用 TRIM 命令把多余线剪掉。

⑱ 按图 5.4 所示标出文字。

⑲ 建立带有标题栏的布局。

a. 绘制如图 5.4.17 所示的标题栏。

学校、专业				∞
工程图名				∞
班级		日期		∞
制图		指导老师		∞
学号		成绩		∞
18	30	18	30	

图 5.4.17 绘制标题栏

b. 以标题栏图形为对象建立外部块。

输入 Wblock 命令，以标题栏右下角为基点将其定义为外部块，参数设置如图 5.4.18 所示。

图 5.4.18　建立标题栏图块

注意：

● 使用 AutoCAD 进行绘图时，对于需要重复使用的一些图形，可采用定义图块的方法完成，这样既节省了绘图时间，又节省了存储空间。

● 使用 AutoCAD 进行绘图时，定义内部图块用 BLOCK 命令，该命令所定义的图块，只能在图块所在的当前图形文件中被使用，不能被其他图形文件使用。定义外部图块用 WBLOCK 命令，该命令执行后，系统将弹出"写块"对话框，完成有关设置后可将图块单独以图形文件的形式存盘。这样创建的图块可被其他文件插入和引用。

● 在本例中，由于标题栏是需要重复被其他文件引用的对象，因此，需要把它定义为外部块。基点选择标题栏的右下角；对象选择标题栏图形；确定外部块的文件名和存入的路径。

c. 建立布局。

● 单击绘图窗口底部的"布局 1"或"布局 2"选项卡，系统弹出如图 5.4.19 所示的图纸布局界面。中间的实线框是视口框，视口显示模型空间的图形，虚线框表示图纸的有效打印范围。

● 把光标移到视口框内，双击鼠标左键则激活视口，进入视口的模型空间，此时可以像在模型空间一样对图形进行各种操作，例如使用 PAN 命令将图形拖到视口的中间位置，用 ZOOM 命令调整图形的显示比例等。把光标移到视口框外，双击鼠标左键，则关闭视口的模型空间，进入图纸空间，此时的操作是对图纸空间进行的。

● 右击"布局 1"选项卡，从弹出的快捷菜单中选择"页面设置管理器"选项，打开"页面设置管理器"对话框，如图 5.4.20 所示。

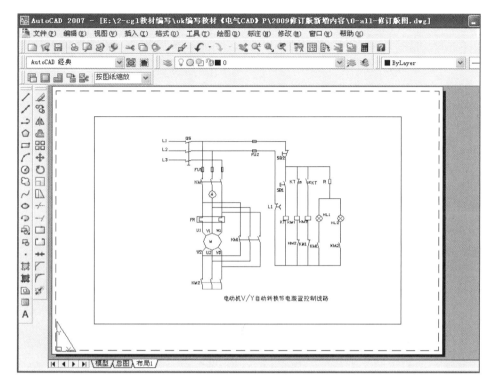

图 5.4.19 布局界面

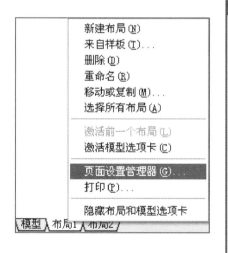

图 5.4.20 页面设置管理器

● 单击"修改"按钮，打开"页面设置"对话框，如图 5.4.21 所示。在"页面设置"对话框里设置相应的参数：在"打印机/绘图仪"选项组的"名称"下拉列表中选择已安装好的打印机；在"打印样式表（笔指定）"下拉列表中选择"monochrome.ctb"，这个打印样式表示打印出纯黑白图；在"图纸尺寸"下拉列表中选择所选打印机能支持的图纸大小，如 A3 或 A4 等；在"图形方向"选项组中选中"横向"或"纵向"单选按钮，其他选项采用默认值，单击"确定"按钮，关闭"页面设置"对话框。

图 5.4.21   页面设置

● 删除原来视口。把鼠标移到视口框外双击鼠标左键，关闭视口的模型空间，进入图纸空间。选择视口矩形框，按 Delete 按钮，删除原来的视口。

● 插入标题栏。单击"插入块"按钮，打开"插入"对话框，如图 5.4.22 所示，单击"浏览"按钮，选择外部块"标题栏图块"，单击"确定"按钮，插入点选择图纸右下角。

图 5.4.22   插入标题栏图块

● 建立带有标题栏的新视口。以标题栏右下角为顶点在打印区域内绘制矩形。选择"视图"→"视口"→"对象"命令，如图 5.4.23 所示。

选择矩形框作为新的视口对象，右击结束选择。把光标移到视口框内双击鼠标左键激活视口，进入视口的模型空间，此时在模型空间建立的图形在视口中显示出来，用 PAN 命令将图形拖到视口的中间位置，用"实时缩放"命令调整图形的大小到合适的显示比例。这样带有标题栏的新的布局就完成了，如图 5.4.24 所示。

图 5.4.23 建立新视口

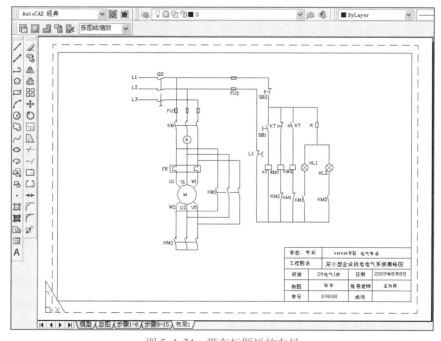

图 5.4.24 带有标题栏的布局

练习题

1. 用建立图块的方法，绘制如图 5.4.25 所示的电气原理图。

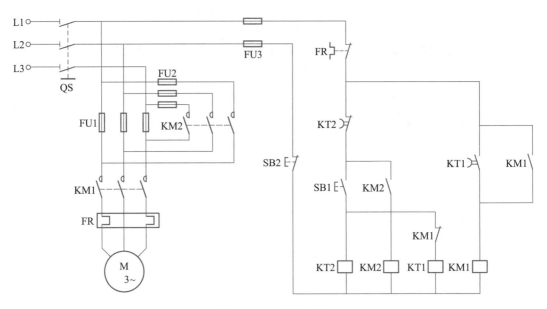

图 5.4.25   习题 1 图

2. 绘制如图 5.4.26 所示的电气原理图。

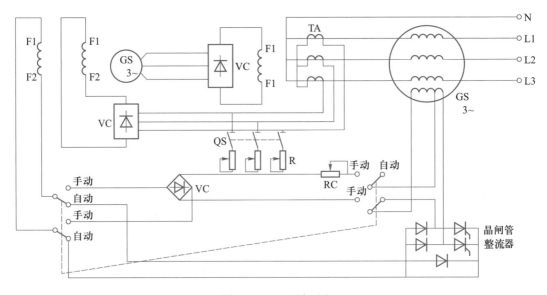

图 5.4.26   习题 2 图

5.2.5 位置图的 CAD 实现

位置图是借助于物件的简化外形、主要尺寸和（或）物件之间的距离以及代表物件的符号来说明物体的相对位置或绝对位置和（或）尺寸的图形。

微课：
位置图的 CAD
实现

[**例 5.5**] 绘制如图 5.5 所示的场地位置图。

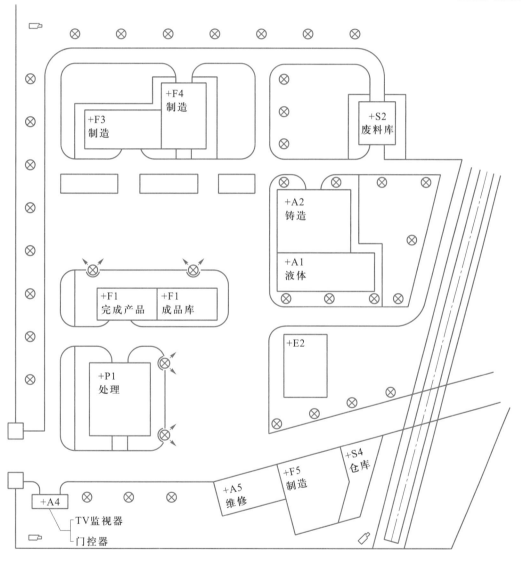

图 5.5 场地位置图示例

1. 画图提示

① 室外场地电气设备配置位置图是在建筑总平面图的基础上绘制出来的，在 AutoCAD 中，通过分层绘制该图非常方便。作为综合训练，本实训将按步骤完整地画出该图。

② 仔细观察图形，发现虽然该图比较复杂，但也可应用 AutoCAD 所提供的丰富的操作功能和技巧来绘制。

③ 绘图时，可从中间的矩形开始绘制，然后根据相对位置画出其他图形。

④ 画图中的探照灯时，可先画一个探照灯并把它建块，再用等分插入该图块的方法（DIVIDE 命令）进行绘制，这样可大大提高绘图速度。

⑤ 由于位置图中的图形对象之间有许多是线性平行关系，因此，绘制本图时可大量运用 OFFSET 命令。

2. 操作步骤

① 进入 AutoCAD 后先定义绘图区域：命令：'_limits 150,200

② 用 OFFSET 命令绘制如图 5.5.1 所示直线 (1)~(8)。

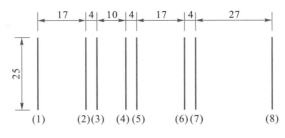

图 5.5.1   位置图绘制步骤 1

③ 用 OFFSET 命令绘制如图 5.5.2 所示直线 (1)~(5)。

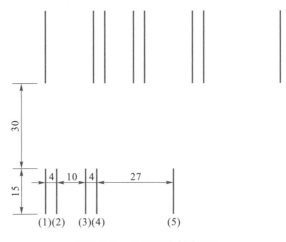

图 5.5.2   位置图绘制步骤 2

④ 用 OFFSET 命令绘制如图 5.5.3 所示直线（1）~（5）。

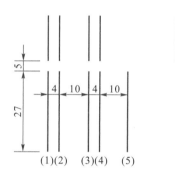

图 5.5.3　位置图绘制步骤 3

⑤ 用 OFFSET 命令绘制如图 5.5.4 所示直线（1）~（4）。

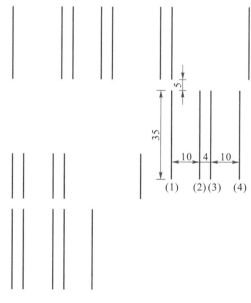

图 5.5.4　位置图绘制步骤 4

⑥ 绘制如图 5.5.5 所示图形，用 LINE 命令连接直线端点画直线。

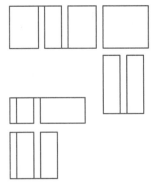

图 5.5.5　位置图绘制步骤 5

⑦ 绘制如图 5.5.6 所示图形，用_fillet 命令倒圆角，注意修改圆角半径为 R4。

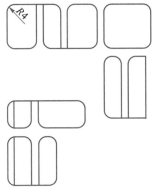

图 5.5.6　位置图绘制步骤 6

⑧ 绘制如图 5.5.7 所示（1）~（6）。

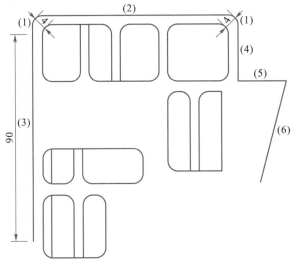

图 5.5.7　位置图绘制步骤 7

⑨ 绘制如图 5.5.8 所示图形，画出（1）~（5）中的矩形。

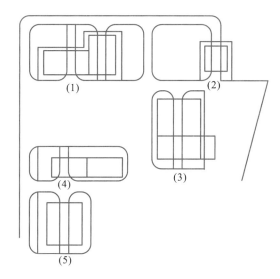

图 5.5.8　位置图绘制步骤 8

⑩ 绘制如图 5.5.9 所示图形，修剪掉矩形中多余的线。

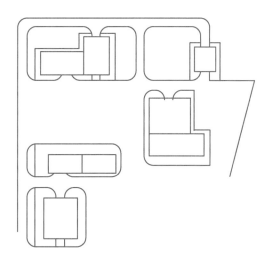

图 5.5.9　位置图绘制步骤 9

⑪ 绘制如图 5.5.10 所示（1）~（10）。

⑫ 绘制如图 5.5.11 所示（1）~（3）三个矩形。其中：（1）、（2）为 15×5 的矩形，（3）为 10×5 的矩形。

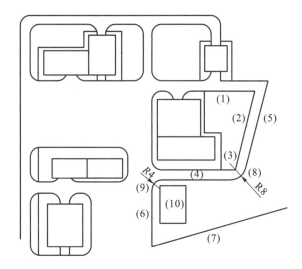

图 5.5.10   位置图绘制步骤 10

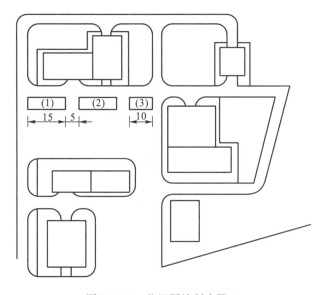

图 5.5.11   位置图绘制步骤 11

⑬ 绘制如图 5.5.12 所示 (1) ~ (3) 三条直线。

提示：三条直线都用 OFFSET 命令画。其中 (1)、(2) 的偏移距离为 8，(3) 的偏移距离为 4，并按图 5.5.12 所示延长直线到合适位置。

⑭ 绘制如图 5.5.13 所示 (1) ~ (5)。

把图 5.5.13 所示 (5) 中间的直线的线型改为点画线的步骤如下：

• 在 AutoCAD 菜单栏中，选择"格式"→"线型"命令，弹出如图 5.5.13a 所示"线型管理器"对话框。

• 单击"加载"按钮，弹出如图 5.5.13b 所示"加载或重载线型"对话框。

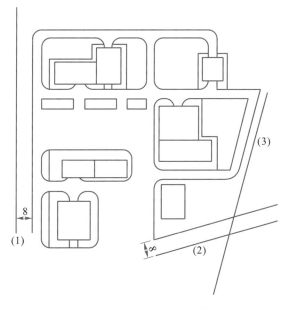

图 5.5.12　位置图绘制步骤 12

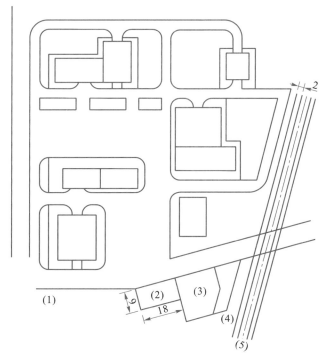

图 5.5.13　位置图绘制步骤 13

• 选择线型为 ACAD_ISO04W100，单击"确定"按钮，返回 AutoCAD 绘图区。

• 在工具栏"对象特性"的"线型"选项中，选择"ACAD_ISO04W100 线型"，如图 5.5.13c 所示。

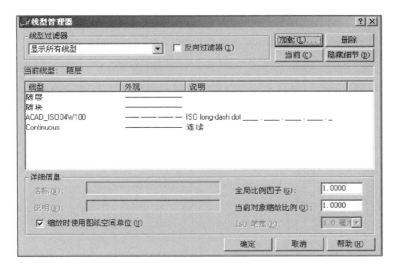

图 5.5.13a 位置图绘制步骤 13

图 5.5.13b 位置图绘制步骤 13

图 5.5.13c 位置图绘制步骤 13

⑮ 绘制如图 5.5.14 所示直线 (1)~(8),作为指示灯的辅助线。

⑯ 绘制如图 5.5.15 所示图形,在画出的指示灯的辅助线上画指示灯。

⑰ 绘制如图 5.5.16 所示图形,删除画指示灯的辅助线。

⑱ 绘制如图 5.5.17 所示 (1)~(10),按图 5.5 加上文字标注。

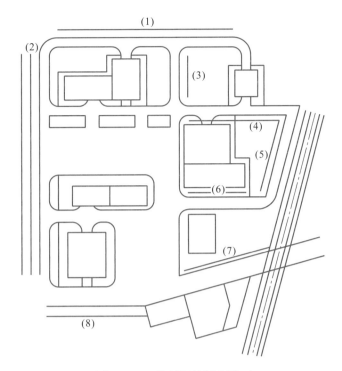

图 5.5.14 位置图绘制步骤 14

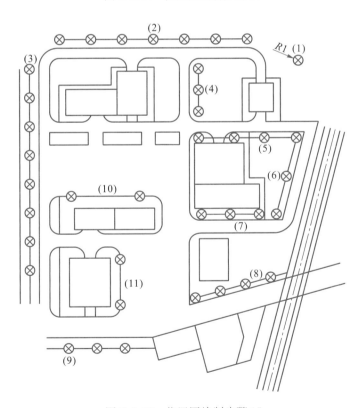

图 5.5.15 位置图绘制步骤 15

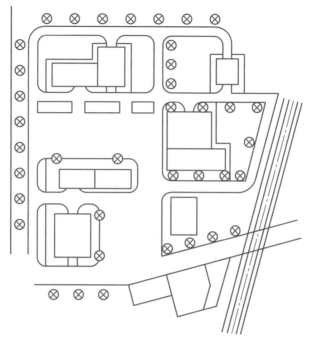

图 5.5.16　位置图绘制步骤 16

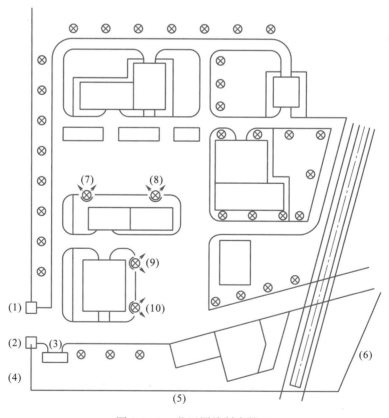

图 5.5.17　位置图绘制步骤 17

参考文献

［1］郭汀．电气制图标准实用手册［M］．北京：中国标准出版社，2015．

［2］王亚星．怎样读新标准实用电气线路图［M］．北京：中国水利水电出版社，2003．

［3］陈冠玲．计算机辅助设计实用案例教程［M］．北京：清华大学出版社，2019．

［4］张云杰，郝利剑．AutoCAD 2014 中文版电气设计教程［M］．北京：清华大学出版社，2019．